뒤를 캐는 여자

깐깐한 주부들의 알뜰한 가이드
뒤를 캐는
여자
곽지연 지음
WINNER'S BOOK

MBC 라디오 프로듀서, 한재희

처음 방송을 시작할 당시, 〈뒤를 캐는 여자〉가 이렇게 인기 있는 코너가 될 줄은 아무도 예상하지 못했습니다. 살림하면서 바쁘게 사는 주부에게 가장 쉽고 효과적인 살림 정보를 모아보자는 소박한 생각은 방송 1년 만에 카카오 스토리 50만 명 구독이라는 놀라운 성과로 이어졌지요. 두 꼬마 녀석을 키우며 살림도 방송일도 감쪽같이 잘하는 곽지연 리포터가 직접 프라이팬 들고, 손바닥에 세제 묻혀가면서 확인하고 또 확인한 생활 비법이 모여 있습니다. 눈으로도 즐겁지만, 직접 따라 해보면 더 즐거울 것입니다.

〈그건 이렇습니다〉 진행자, 이재용

2014년 4월부터 청취자들과 만나며 살림의 비법을 전수해준 곽지연 리포터의 애정이 담긴 책입니다. 곽지연 리포터와 함께 〈뒤를 캐는 여자〉 코너를 진행하면서 진정한 살림 고수들의 지혜들을 알게 되었습니다.
살림의 지혜는 삶의 지혜이며, 사람들을 더 풍요롭게 해줄 것입니다. 이 책은 청취자와 소통하며 더 나은 지혜를 전달하려고 했던 곽지연 리포터의 노력이 담겨 있는 만큼, 독자들을 지혜로운 살림꾼으로 만들어줄 것입니다.

MBC 라디오 〈싱글벙글 쇼〉 진행자, 김혜영

매일 오전 11시 10분 세상의 모든 궁금증에 대한 가장 친절한 설명으로 청취자들의 가려운 부분을 시원하게 긁어주었던 〈그건 이렇습니다〉의 코너 〈뒤를 캐는 여자〉가 책으로 출간되었습니다. 라디오에 소개되었던 많은 지혜를 보기 쉽게 정리하여 독자들이 살림 비법을 체계적으로 알 수 있도록 해줍니다.
이제까지 살림의 '살' 자도 몰랐던 사람도 이 책에 제시된 대로 살림을 한다면 어느새 살림 고수가 될 것입니다. 이제 책을 펼쳐, 나날이 살림 고수가 되는 경험을 해봅시다.

승의여대 식품영양학과 교수, 차윤환

인터넷과 스마트폰의 보급, 수많은 정보 전달 콘텐츠의 홍수 등 현대인은 쏟아지는 일반 정보와 매일 힘든 싸움을 하고 있습니다. 조금 더 건강한 몸, 행복한 가정, 두둑한 은행 통장을 얻기 위해 정보를 고르고 선택하는 것은 너무도 어려운 일입니다. 그러므로 일반 정보가 아닌 숨겨진 핵심 정보, 나에게 맞는 맞춤 정보를 얻는 것은 더욱 필요하고 중요한 일입니다. 앞에 보이는 일반 정보가 아닌 뒤에 숨겨진 핵심 정보를 찾아주는 《뒤를 캐는 여자》를 읽으면 좀 더 쉽게 우리가 원하는 본질의 정보를 정확히 얻을 수 있습니다. 정보의 홍수 속에서 이제 좀 쉽게 살아봅시다.

MBC 문화방송 라디오국에 입사한 지 어느덧 13년입니다. 취재현장과 경찰청, 기상청 방송부스에서 마이크를 들고 뛰며 방송했고 그동안 배운 점이 하나 있습니다. 바로, '물어보기'. 청취자의 궁금증을 풀기 위해 전문가에게 대신 물어보면서, 가장 적절한 곳에 가장 적절한 질문을 하기 위해 끊임없이 고민했습니다.

2014년 봄, 결혼과 육아로 잠시 물어보기를 쉬고 있던 저에게 또다시 물어볼 기회가 생겼습니다. MBC 라디오 개편과 함께 〈그건 이렇습니다〉 프로그램이 신설되었고, 살림에 대한 궁금증을 풀어보는 〈뒤를 캐는 여자〉라는 코너가 생겼습니다.

〈뒤를 캐는 여자〉는 제가 가지고 있는 살림 비결이 결코 아닙니다. 많은 청취자가 하루에도 수십 개씩 용기 내 물어보는 질문들을 토대로 만들어갑니다. 식약처, 식품제조업체, 곰팡이 연구소에서부터 과수 농가, 요리사, 학계 교수까지 많은 이들의 도움이 있었습니다. 그렇게 모으고, 수집하고 정리한 것이 바로 뒤를 캐는 여자입니다.

가끔 집에 오시는 시어머니가 한 말씀 하십니다. "뒤를 캐더니 집안 살림이 달라졌네!" 청취자들의 궁금증을 해결하려고 하다 보니 어느새 우리 가족의 살림도 점점 변해가고 있습니다. 그리고 '하라는 대로 따라 해봤는데 정말 좋았다'라는 문자를 받을 때면 이제 우리 가족 살림뿐만 아니라 청취자분들의 살림도 변해갈 수 있겠구나 싶어서 '뒤를 캐는 마음'이 항상 즐겁습니다.

이번 책을 준비하면서 감사드릴 분들이 참 많습니다. 카카오 스토리 〈뒤를 캐는 여자〉 소식을 받아보는 50만 회원님, 살림 리포터로 일해보자 제의해준 이대호 프로듀서, 편하게 방송하라며 아줌마 항상 배려해주는 MBC 라디오 〈그건 이렇습니다〉 팀, 실험하고 원고 쓰라고 아이들 대신 봐준 나의 남편, "엄마 무슨 내용으로 방송해?"라고 물으며 항상 살림 비법을 듣고 싶어 했던 첫째, 엄마가 일만 하면 항상 와서 컴퓨터 전원 버튼을 눌러 꺼버리는 둘째, 원조 뒤캐녀 시어머니 이희순 여사님, 모니터를 신랄하게 해준 나의 어머니 이춘선 여사님. 그리고 무엇보다 거금 50원을 들여 궁금증과 각종 비결을 문자로 보내준 수많은 MBC 라디오 청취자분들께 진심으로 감사드립니다.

“저희 남편 뒤도 캐주나요?”, “우리 집 밭에 와서 감자 좀 캐주이소.”
라는 문자에 오늘도 전 이렇게 대답합니다.
“죄송합니다. 지금까지도, 앞으로도 전 살림의 뒤만 캘게요.”
그냥 아무 생각 없이 그대로 보고 따라만 하면 되는 책이었으면 합니
다. 세상살이는 안 그래도 생각할 게 많아 머리가 아프거든요.

곽지연

이제,
책장을 넘겨 살림 고수가
되어볼까요?

CONTENTS

주부 9단
뒤를 캐는 여자

1 버린 것도 다시보자 '재료 활용법'

2 사지 않고 만들어 쓰는 '나만의 살림용품'

3 이것 알면, 진짜 살림 고수!

CHAPTER 1

얼룩 없이
뒤를 캐는 여자

CHAPTER 2

곰팡이 없이
뒤를 캐는 여자

1 계절마다 어떻게 똑같을 수 있어?

2 세 살 물건 여든까지 가는 법

CHAPTER 3

CHAPTER 4

뒤를 캐는
여자

CHAPTER 1
주부 9단
뒤를 캐는 여자

1

버린 것도 다시보자
'재료 활용법'

다 똑같은 식용유가 아니야!

음식 할 때 쓰는 식용유는 한 가지 종류만 있는 것이 아닙니다. 콩기름 하나면 지지고 볶고 튀길 수 있다고 생각하는 분들, 올리브유가 몸에 좋다고 모든 요리에 사용하는 분들을 위해 식용유 종류별 사용법 뒤를 캐보았습니다.

식용유는 씨앗과 열매에서 얻은 기름 중에서 요리에 사용하는 것을 말합니다. 과거에는 식용유 하면 콩기름과 옥수수유를 떠올렸지만 2000년대 초를 기점으로 올리브유, 포도씨유, 카놀라유 같은 고급유가 등장합니다. 참기름과 들기름도 식용유에 포함됩니다.

식용유는 발연점에 따라 사용하는 것이 중요합니다. 발연점은 연기가 나면서 타기 시작하는 온도를 말합니다. 발연점 이상으로 가열하면 음식 냄새와 맛이 좋지 않고, 발암물질이 생깁니다. 종종 기름이 타면

올리브유로 샐러드 드레싱

카놀라유로 튀김

서 푸른색 연기가 날 때가 있는데 이때 폐암을 유발하는 물질 아크롤레인이 나옵니다. 그러므로 연기가 나거나 색이 변하기 시작하면 기름을 버리고 깨끗이 씻어야 합니다.

올리브유는 발연점이 170~190°C 정도로 낮습니다. 금방 타버리기 때문에 샐러드 드레싱이나 무침, 불을 끄고 살짝 볶는 정도의 요리가 적합합니다. 만약 올리브유에 열을 오래 가하거나 튀김을 한다면 발암물질이 생길 수 있습니다.

유채꽃씨에서 짜낸 카놀라유는 우리나라 사람에게 가장 부족한 오메가3 지방이 많습니다. 그리고 현재 식용유 시장 점유율 1위를 달리고 있습니다. 카놀라유는 250°C 정도로 발연점이 아주 높습니다. 그래서 튀김이나 구이요리에 적합하고 오랫동안 가열해야 하는 전도 카놀라유로 부치는 것이 좋습니다.

카늘라유로 전 부치기

참기름

포도씨유를 만드는 포도 씨 안에는 심혈관을 튼튼히 해주는 성분(레스베라트롤)이 많이 들어있기 때문에 건강에 좋은 기름입니다. 포도씨유는 기름 향이 거의 없어서 한식요리에 잘 어울립니다. 또 발연점이 220°C로 높은 편이라 구이, 볶음, 튀김 요리에 모두 사용할 수 있습니다. 하지만 카놀라유보다는 20°C 정도 낮은 온도에서 타기 때문에 오래 튀겨야 하는 경우에는 카놀라유를 사용하는 것이 좋습니다.

참기름, 들기름은 정제하지 않은 기름이라서 발연점이 낮습니다. 참기름이 160°C, 들기름이 170°C 정도입니다. 특히 참기름은 튀김에 사용하면 바로 타버리기 때문에 절대 사용해서는 안 됩니다. 불을 끈 다음 마지막에 살짝 넣어줘야 향이 좋고 오래 보관할 수 있습니다. 소금을 조금 넣어 보관하면 더욱 오래 두고 먹을 수 있습니다.

들기름은 일본에서 영양제처럼 복용하기도 합니다. 카놀라유보다 오메가3 지방산이 훨씬 많아 건강에 아주 좋습니다. 참기름보다는 열에 강한 편이라서 볶음할 때 참기름보다는 들기름이 더 적합합니다. 무침이나 겉절이뿐만 아니라 열을 가하는 요리에 사용해도 됩니다. 다만 들기름은 변하기 쉬워서 시원한 곳에 보관하고 조금씩 사 먹는 것이 좋습니다. 들기름과 참기름을 8:2 비율로 섞어 빛이 통하지 않는 병에 보관하면 산패를 막아 오랫동안 보관할 수 있습니다. 이 밖에도 콩기름은 발연점이 210°C라서 볶음, 튀김 요리에 모두 적합합니다.

방송 후에는 어떤 질문이 올라왔을까요?

규찬규빈맘 들기름의 오메가3는 몸에 아주 좋지만 뜨거운 음식에는 독이라고 들었습니다. 들기름의 발연점은 낮은데, 열을 가해도 괜찮은가요?

들기름은 참기름보다는 발연점이 높지만 다른 식용유보다는 발연점이 낮습니다. 그래서 열을 많이 가하면 잘 탈 뿐 아니라 영양도 파괴됩니다. 높은 온도를 피하고 중불로 짧게 조리하는 것이 좋습니다.

0985 카놀라유는 유전자변형 식품이라는 말이 있어서 구매할 때 망설이는 경우가 많습니다. 안전한가요?

국내에 수입되는 카놀라와 대두는 대부분 GMO라고 합니다. GMO Genetically Modified Organism는 유전자변형 식품이라는 뜻인데 유전자 재조합 기술을 이용해 생물체의 유용한 유전자를 다른 생물체의 유전자와 결합해 유전자 일부를 변형시켜 만든 것입니다. GMO가 걱정된다면, 유기농 식품을 고르면 됩니다. USDA Organic 혹은 Non-GMO Project Verified 같이 유기농 인증 표시가 있는 제품은 유전자 조작을 하지 않은 작물을 사용한 것입니다.

녹차 200% 활용하기

집에 선물로 들어온 녹차들이 참 많습니다. 오래되어서 먹기는 좀 그렇고 그렇다고 버리기는 아까운 경우가 많습니다. 그럴 때 유용한 녹차 활용법이 있습니다. 활용법 중에서도 효과가 탁월한 몇 가지! 알려드리겠습니다.

찻잎은 생각보다 향이 강합니다. 그래서 탈취제로 사용할 수 있습니다. 옛 조상들은 화로에 해묵은 차를 태우기도 했습니다. 집 안의 나쁜 냄새를 없애주고 습도도 조절하는 삶의 지혜였습니다. 시중에 파는 다시 팩에 녹차를 넣고 신발장, 냉장고, 화장실에 두면 은은한 녹차 향이 퍼져 좋습니다.

그런데 이렇게 해서는 냉장고 냄새를 확실하게 잡아주지 못합니다. 그럴 때는 녹차 우린 물을 행주에 적셔서 냉장고를 닦아준 후 녹

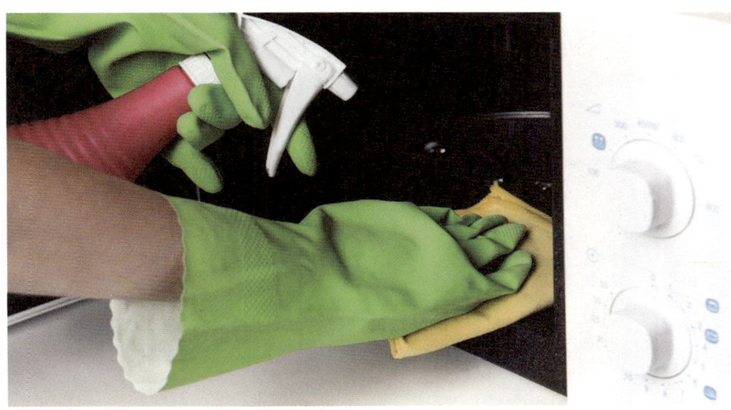

녹차 우린 물로 전자레인지 청소

차 팩을 넣어주면 냄새가 사라집니다. 전자레인지 청소할 때도 녹차 우린 물로 닦아주면 좋습니다.

다음으로 카펫 청소할 때 사용합니다. 겨우내 카펫을 깔아두다가 날이 따뜻해지면 걷어서 넣어두는데, 넣기 전에 찻잎으로 청소하면 좋습니다. 우선 찻잎을 한번 우렸다가 물기를 꼭 짜서 카펫 위에 골고루 뿌려줍니다. 한두 시간 지나서 찻잎을 카펫 위에다 마구 비빕니다. 이때 먼지와 세균이 찻잎에 붙어 나옵니다. 청소기로 찻잎을 제거하고 베란다에 말렸다가 그 다음 날 돌돌 말아서 창고에 넣습니다. 이렇게 한 뒤 다음 겨울에 꺼내면 먼지 냄새가 덜 나고 뽀송뽀송합니다.

신발장에 녹차 티백 두기

뜨거운 물을 넣어서 불어 있는 잎을 그릇에 담아 방에 두면 가습 효과도 있습니다. 하루 이틀 쓰고 버릴 때는 화분에 비료로 주면 좋고 찻잎 하나 입에 물고 있으면 입 냄새 제거에도 좋습니다. 설거지할 때 비벼서 닦아주면 냄새 제거, 살균 효과도 있습니다. 잘 말려서 베개 속에 채워 넣어두면 녹차 향이 은은하게 나면서 숙면에 도움이 됩니다.

녹차 우린 물을 활용하는 방법도 많습니다. 일단, 목욕할 때 입욕제로 씁니다. 냉장고에 넣어뒀다가 세수할 때 마지막 단계에서 녹차 우린 물로 한번 헹궈주면 모공축소, 미백 효과를 볼 수 있습니다. 또 머리 감을 때 샴푸 후 마지막에 이 물로 머리를 헹궈주면 녹차의 사포닌 성분 때문에 린스를 따로 안 써도 될 만큼 머릿결이 부드러워지고 비듬도 예방할 수 있습니다.

찾잎이 아니라 티백을 활용하는 방법도 있습니다. 우리고 난 티백은 그냥 버리지 말고 햇볕에 말려줍니다. 그러면 티백이 제습제 역할을 합니다. 이것을 신발 안쪽에 넣어주면 신발 습기, 냄새 제거에 좋습니다. 철마다 옷 정리할 때 수납 상자 안에 넣으면 습기 제거에 도움이 됩니다. 단, 흰옷 근처는 피하는 것이 좋습니다. 냉장고에 넣어둔 시원한 티백을 모기 물린 곳에 올려놓는 것도 좋습니다. 얼굴이 붓거나 눈이 피로할 때도 녹차 티백을 냉장고에 두었다가 올려놓으면 금방 가라앉습니다.

혼자 알기 아까운 나만의 녹차 활용법 알려주세요!

민영 우리고 난 티백을 사용할 때는 오래 두면 곰팡이가 필 수 있으니 주의해야 합니다.

냉장고 안에서 상한 우유를 발견한 경험이 종종 있을 것입니다. 예전에는 유통기한으로 상했는지 아닌지를 구별했는데 최근 유통기한이 훨씬 지난 우유를 먹어도 괜찮다는 보도들이 많습니다. 그래서 우유 팩을 들고 이걸 먹을지 말지 고민할 때가 종종 있습니다. 우윳값도 만만치 않아서 그냥 버리기엔 아까운 우유의 뒤를 캐봤습니다!

상한 우유를 구별할 때는 투명 컵에 찬물만 준비하면 됩니다. 그리고 우유를 몇 방울 떨어뜨립니다. 찬물 바로 아래로 우유가 떨어지면 신선한 우유이고 물에 확 퍼져버리면 상한 우유입니다.

이렇게 구별한 상한 우유를 그냥 버리기는 아깝습니다. 상한 우유를 활용하는 방법은 여러 가지 있습니다. 우선 가구나, 가죽제품을 닦아주면 깨끗해지고 광택이 납니다. 우유는 신선할 때 산과 알칼리 두

가지 성질을 가지고 있습니다. 그러나 상하면 암모니아가 발생해서 알칼리성만 남습니다. 우리가 사용하는 일반세제가 약알칼리성이나 중성이듯 알칼리성으로 변한 우유는 더러움을 제거해주는 효과가 있습니다. 게다가 우유에 포함된 지방성분은 광택 효과까지 낼 수 있습니다.

가방과 합성피혁으로 만든 운동화를 못 쓰는 가제 수건에 상한 우유 몇 방울 묻히고 살짝 닦아주면 비누칠해서 빠는 것처럼 깨끗해집니다. 간편하게 얼룩이나 때를 제거하는 데 효과만점입니다. 그러나 스웨이드 신발에는 상한 우유를 사용하면 안 됩니다. 우유 묻은 자리가 까맣게 변해서 지워지지 않습니다.

상한 우유는 피부에도 좋습니다. 대중목욕탕에 가면 아주머니들이 우유로 몸을 마사지하는 풍경을 볼 수 있습니다. 실제로 화장 솜에 상한 우유를 적시고 입술 위에 올려놓으면 우유의 영양분이 유분막을 형성해서 입술 주름을 예방합니다. 10분 정도 올려놓은 후 떼어내면 입술과 입술 주변 피부가 촉촉해집니다. 그리고 상한 우유는 박피 효과도 있어서 모공 속의 묵은 때와 노폐물을 없애줍니다.

세수할 때, 샤워할 때도 사용하면 좋습니다. 세안 마지막 단계에서 미지근한 우유로 얼굴을 몇 번 마사지해주고 물로 헹궈주면 됩니다. 그러면 로션을 따로 안 발라도 될 정도로 촉촉해집니다.

그 외에도 물에 희석해서 화분에 주면 훌륭한 거름이 되고, 먼지 낀 화초 잎을 닦으면 윤기가 돌면서 싱싱해져 화초 수명도 길어집니다. 또 세탁할 때 표백제랑 같이 넣어주면 표백 효과도 볼 수 있습니다.

원두커피 찌꺼기 다양하게 활용하기

하루에 커피 몇 잔이나 드시나요? 최근에는 집에서 원두커피를 즐기는 분들이 많습니다. 마실 때는 참 좋은데, 마시고 나면 원두커피 찌꺼기가 고스란히 쓰레기로 남아 골칫거리가 되기도 합니다. 그래서 오늘은 원두 커피 찌꺼기의 뒤를 캐보았습니다!

원두커피 찌꺼기는 냄새 제거에 탁월한 효과가 있습니다. 뚜껑 있는 생선구이 팬은 한번 열면 냄새가 심합니다. 이 냄새를 제거하기 위해서는 커피가 바짝 말라 있는 것이 좋습니다. 전자레인지에 1분만 펴서 말리면 되는데 한 번에 많이 하지 말고 딱 쓸 분량만 돌리는 것이 좋습니다. 접시에 넓게 깔아주면 꼬들꼬들 잘 마릅니다. 전자레인지가 없으면 햇빛에 말려주면 됩니다.

생선구이 팬에 말린 커피 가루 뿌리고 문질러 닦아준 다음 뜨거운

원두커피 찌꺼기 말리기

물에 헹굽니다. 반찬 냄새 밴 플라스틱 반찬 통은 이렇게만 해도 냄새가 싹 가시는데 생선구이 팬은 냄새가 쉽게 없어지지 않을 수 있습니다. 그럴땐 커피 찌꺼기를 풀어놓은 물을 팬에 넣고 몇 시간 두면 신기하게도 냄새가 없어집니다. 이렇게 한 후에는 가래떡을 구워 먹어도 됩니다.

또 생선 만진 후 비린내가 손에서 계속 날 때 커피 찌꺼기 한 숟가락을 손바닥에 올려 비비면 비린내가 제거됩니다. 음식물 쓰레기통 악취와 기저귀가 항상 넘쳐나는 쓰레기통 악취 제거에도 효과적입니다. 특히 벌레가 생기는 것을 막아줍니다.

화장실 청소할 때 락스 냄새에 머리가 아플 때가 많습니다. 이럴

화분 배양토로 원두커피 찌꺼기 이용하기

때 락스 청소 후 대충 물을 흘려보내고 축축한 상태에서 커피 가루로 쓸어주면 냄새가 가십니다.

제습제 통에 커피 찌꺼기를 넣고 키친타월을 덮어서 고무줄로 묶어 신발장과 옷장, 냉장고 방향제로도 쓸 수 있습니다.

커피 찌꺼기는 클렌징과 각질 제거에도 효과가 있습니다. 스타킹에 커피 찌꺼기를 넣고 물에 우려낸 뒤 화장 솜에 커피 물을 묻힙니다. 거기에 올리브유를 한두 방울만 떨어뜨려 사용하면 클렌징 효과가 있습니다. 또 커피 찌꺼기를 물에 타서 세안하면 미백과 피지 제거에 좋습니다. 그리고 우유와 요구르트를 섞어서 팩을 하면 각질 제거와 피부 보습에도 좋습니다. 특히 발뒤꿈치에 효과가 좋습니다. 뜨거

운 물에 커피 찌꺼기를 풀고 발을 담가 마사지를 해주면 부드러워집
니다.

이 외에도 소금과 함께 배수구에 버리면 막힌 배수구를 뚫어주는
역할을 하고 마른 수건에 찌꺼기를 묻혀 녹슨 우산살을 닦아주면 광
이 납니다. 화분에 배양토로도 이용할 수 있습니다. 커피 찌꺼기에는
단백질과 무기질이 풍부해서 식물을 잘 자라게 해주고 벌레 생기는
것을 막아줍니다.

단, 냉장고 방향제로 쓴다고 놔뒀다가 물건 꺼내면서 와르르 쏟을
수 있으니 조심해야 합니다.

뒤를 캐는 여러분

혼자 알기 아까운 나만의 원두커피 찌꺼기 활용법 알려주세요!

1209 화분에는 소량만 섞으세요. 안 그러면 독해서 죽습니다. 곰팡이가 생길
수도 있으니까 주의! 화단의 화초나 밭에 있는 식물에 주는 것은 좋네요.
0934 냉장고 탈취제로 써도 좋습니다. 다만 냉장고 물건 꺼내다가 쏟지 않게
조심하세요.

귤껍질 어디까지 활용해봤니?

겨울이 되어 따뜻한 이불을 덮고 그 안에서 귤을 까먹으면 그보다 좋은 일은 없습니다. 앉은자리에서 10개는 거뜬히 먹기도 합니다. 그런데 먹고 나서 수북하게 쌓인 껍질을 보고 있으면 버리기에는 아깝다는 생각이 듭니다. 그래서 귤껍질의 다양한 활용법을 준비했습니다.

귤껍질은 우선 프라이팬 냄새 제거에 좋습니다. 특히 생선 냄새 잡을 때 좋은데 귤껍질 안쪽으로 팬을 닦으면 신기하게도 팬에 남아있는 비린내를 잡아줍니다. 만약 닦는 것만으로 안된다면 팬에 물을 붓고 귤껍질 넣은 후 끓여주면 됩니다. 비린내는 물먹은 귤껍질이 모두 흡수합니다.

뿐만 아니라 전자레인지와 오븐을 청소할 때도 좋습니다. 오목한 그릇에 귤껍질을 넣고 물을 조금 넣은 후 3~5분 돌려주면 전자레인지

귤껍질로 전자레인지 청소하기

1. 그릇에 물과 귤껍질 넣기

2. 전자렌지에 돌려주기

3. 키친타올로 수증기 닦기

안에 수증기가 가득 찹니다. 마른행주나 키친타월로 수증기를 닦아주면 전자레인지 오븐 청소는 끝입니다. 말끔해지면서 좋은 향기도 납니다.

가스레인지 주변에 얼룩진 기름때도 귤껍질로 청소할 수 있습니다. 귤껍질 흰 부분으로 주변을 닦고 행주로 마무리하면 됩니다. 귤껍질을 한번 물에 삶고 그 물을 살짝 걸레에 묻혀서 바닥이나 돗자리를 닦으면 오래된 얼룩이 쉽게 지워지고 반짝반짝 윤이 납니다.

다음으로 옷을 삶을 때 표백제로 이용할 수 있습니다. 누렇게 된 흰 속옷을 다시 하얗게 만들고 싶을 때 이용합니다. 귤껍질을 물에 끓여서 그 속에 옷을 담가두다가 헹구면 됩니다. 그러면 신기하게도 귤 향기가 나지 않고 표백제 특유의 냄새가 납니다. 귤의 노란 물이 들지 않을까 걱정할 수도 있는데 전혀 물이 들지 않습니다. 물로 헹구면 노란 물이 금방 빠지면서 새하얀 색으로 되돌아옵니다.

귤껍질로 천연 가습기를 만들 수도 있습니다. 잘 씻은 귤껍질을 잔뜩 쌓아놓고 분무기로 물을 몇 번 뿌려서 집 안 곳곳에 놓아두면 천연 가습기 역할을 합니다. 은은한 귤 냄새까지 나서 기분도 상쾌해집니다. 신문지 위에 올려놓고 말려주면 방향제로도 사용할 수 있습니다.

또 바싹 말린 후 잘게 썰어서 뜨거운 물에 우리면 감기 예방에 좋은 귤피차가 됩니다. 귤껍질은 말리기 전에 아주 깨끗이 씻는 게 중요합니다. 식초나 소금을 푼 물에 껍질을 담갔다가 여러 번 헹구면 깨끗해집니다.

귤껍질 안쪽 하얀 부분은 수분이 풍부해서 건조한 피부에 보습 효과가 있습니다. 하얀 부분에 물을 살짝 묻혀서 팔꿈치, 발꿈치, 손등 등 보습이 필요한 부분에 문질러 주면 피부가 보들보들해지고 보습 효과가 확실합니다. 천연이라서 화학성분이 들어있는 보습제보다 더 좋습니다. 그리고 잘 말린 껍질은 망에 넣어서 입욕제로 사용할 수도 있습니다. 보습 효과뿐만 아니라 근육이 굳어서 생기는 뻐근한 통증이나 습진, 가려움증, 아토피성 피부염 등 피부질환에도 좋습니다.

또 날이 추워지면 외출하기 전에 일회용 비닐봉지에 귤껍질 서너 개를 넣고 봉지째 전자레인지에 30~40초 돌립니다. 그리고 봉지를 단단히 묶어서 주머니에 넣고 나가면 손난로가 됩니다. 귤껍질에 있는 고분자 섬유소가 오랫동안 온기를 유지해주어 1시간 정도는 따뜻함이 지속합니다.

혼자 알기 아까운 나만의 귤껍질 활용법 알려주세요!

김*숙 귤 드시기 전에 소금 녹인 물에 잠깐 담갔다가 흐르는 물에 깨끗이 씻어 물기 제거하고 드세요. 그래야 껍질 활용할 때 다시 씻지 않아도 돼요.

노브레이크 귤껍질 흰 부분을 칼로 저며 떼어내고 노란 부분을 최대한 얇게 채를 쳐서 설탕에 1:1로 졸이면 귤 잼이 돼요. 빵에 발라먹거나 차(진피차)로 드시면 참 좋답니다.

늘푸른 소나무 전 귤껍질 말려서 믹서에 갈아, 그 가루에 꿀을 타서 샤워할 때 전신 마사지해요. 꿀 피부 유지됩니다. 스킨로션 안 발라도 피부가 땅기지 않습니다. 꿀이 아깝다면 황설탕 넣어서 하면 돼요.

2611 귤껍질로 입욕제로 사용해도 좋아요. 거칠어진 피부나 보습에도 그만입니다.

양초를 태워 살림을 밝히다

자신의 몸을 태워 세상을 밝혀주는 것은? 바로 양초입니다. 예전에 수수께끼 낼 때 자주 내던 문제였습니다. 그런데 양초는 하나를 끝까지 다 쓰기 어렵습니다. 쓰다가 꼭 남게 되는데, 양초 활용법 다양하게 알려드리겠습니다.

양초는 냄새도 잘 제거해주고 습기도 잘 잡아줍니다. 양초 불씨는 작아 보이지만, 습기를 흡수하는 능력은 대단합니다. 장마철에 집이 눅눅해졌을 때 양초를 켜면 습한 기운이 금방 없어지는 걸 느낄 수 있습니다. 또 생선을 굽거나, 냄새나는 요리하고 나서 음식의 잡냄새가 남아있는 경우에 양초를 켜놓으면 냄새가 빠르게

양초로 양파 매운 향 제거하기

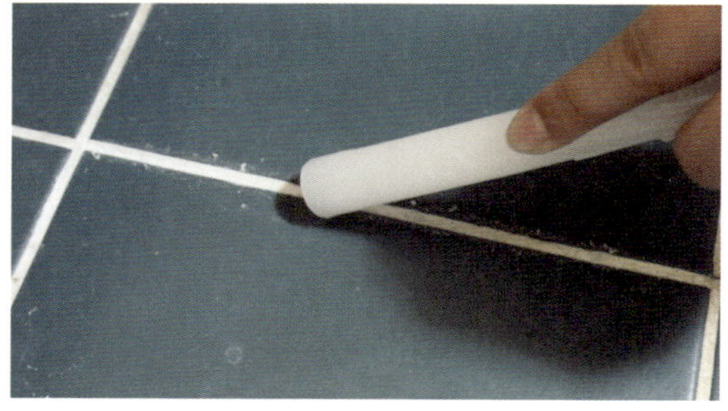

양초로 화장실 타일 코팅하기

사라집니다. 초가 불에 타면서 산소를 소모하여 공기 중에 섞여 있는 냄새가 함께 연소하기 때문입니다. 하지만 밀폐된 공간에서 너무 오래 켜는 건 피하는 게 좋습니다. 양초를 켜고난 후에는 환기를 한번 해주면 좋습니다. 그리고 양파 썰 때 눈 매워서 물안경 끼고 써는 경우도 있는데 양초를 하나 켜두면 매운 향을 잘 잡아줘서 눈물을 뚝뚝 흘리지 않아도 됩니다. 양초의 또 다른 효능도 있습니다. 화장실 타일을 보면 타일 사이사이를 실리콘으로 마감해 놓았습니다. 이곳에 양초를 칠하면 좋습니다. 양초의 파라핀 성분이 코팅제 역할을 해주기 때문에 타일 이음새 부분에 세균이나 곰팡이가 자라는 것을 방지할 수 있습니다. 그런데 양초 칠은 곰팡이가 생기기 전에 미리 해주어야 합니다. 화장실이 바싹 마른 상태에서 줄눈 부분을 마구 칠해줍니다.

집에 미닫이문이 뻑뻑할 때도 문의 이음새 부분에 양초를 칠해주면 부드럽게 스르륵 열립니다. 지퍼가 녹슬어서 위아래로 잘 움직이지 않을 때도 지퍼에 양초 칠을 해주면 부드럽게 움직입니다.

구둣방에 가면 구두를 양초로 닦아주는 것을 볼 수 있습니다. 집에서도 양초를 이용해 낡은 구두를 반짝반짝 새 구두로 변신시킬 수 있습니다. 광택이 없고 군데군데 가죽도 벗겨진 낡은 가죽구두가 있다면 양초를 골고루 구석구석 잘 발라줍니다. 그리고 라이터로 신발에 묻은 양초를 살짝살짝 녹여줍니다. 어느 정도 양초가 녹았다 싶으면 깨끗한 천으로 구석구석 닦아줍니다. 그러면 헌 구두가 새 구두로 변신합니다. 양초의 지방성분은 물을 튕겨내고 윤기를 더해주는데 양초를 녹이면 코팅 효과가 있어서 흠집이 가려지고 윤기가 납니다.

그리고 요즘은 도장보다는 서명을 많이 해서 도장 쓸 일이 많지 않습니다. 그러다 보니 한두 번 썼던 도장에 인주 찌꺼기가 딱딱하게

1. 촛농 종이위에 모으기

2. 촛농에 도장찍기

3. 촛농 굳혀서 제거하기

굳어서 아무리 인주를 많이 찍어도 잘 찍히지 않는 경우가 많습니다. 이때도 양초를 이용하면 좋습니다. 양초에 불을 붙여서 촛농을 종이 위에 몇 방울 모아줍니다. 굳기 전에 바로 그 위에 도장을 두세 번 찍어줍니다. 그러면 인주 찌꺼기가 촛농에 묻어나와 도장이 깨끗해집니다.

치약으로 우리 집 구석구석 때 빼고 광내기

군대를 다녀온 사람과 다녀오지 않은 사람의 차이는 치약의 용도가 '단순 양치'이냐, '무궁무진'이냐로 알 수 있다고 합니다. 치약의 뒤를 캐본 결과 '무궁무진하다!' 쪽으로 결론을 내렸습니다. 치약 활용법! 뒤를 캐 보았습니다.

무좀 걸린 발에 치약을 발라주니 실제로 효과가 있었다고 얘기하는 분들이 꽤 많습니다. 그런데 중앙대병원 피부과 홍창권 교수의 얘기를 들어보면 주의를 요하는 방법입니다. 전문가는 "치약에는 피부 각질층을 녹이는 산이 함유되어 있어서 일시적으로 효과가 있을지 모릅니다. 하지만 계속 바르게 되면 피부를 짓무르게 해서 오히려 염증을 악화시키는 결과를 가져옵니다. 그래서 한두 번 바르는 건 별문제가 없겠지만 계속해서 바르거나 과도하게 바르는 건 오히려 무좀을 더 악화시킬 수 있습니다."라고 합니다.

치약 성분 중에서 플라크를 제거하는 데 사용하는 탄산, 인산, 황산과 같은 산이 포함되어 있습니다. 산은 피부의 각질을 조금 녹여내는 작용을 합니다. 무좀곰팡이가 피부 각질층에 기생하는 만큼 무좀균을 조금 벗겨낼 수는 있지만 계속 바르면 피부가 짓무르고 오히려 염증이 더 악화할 수 있습니다.

또 치약에는 유통기한이 있습니다. 그런데 유통기한 표시가 의무화된 게 2~3년밖에 되지 않아서 모르는 분도 많습니다. 치약 튜브 아래에 숫자가 적혀있습니다. 연, 달, 월 순으로 보면 되는데 제조 일자가 적혀있습니다. 포장 곽에 유통기한은 제조일로부터 36개월이라고 정확히 명시되어 있습니다.

치약 제조 일자

치약으로 귀금속 닦기

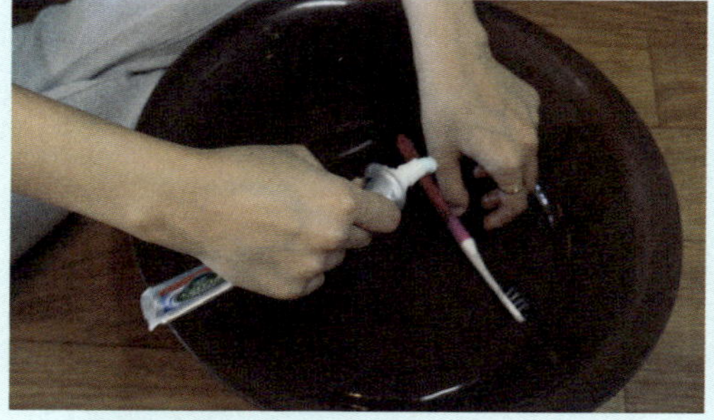

1. 미지근한 물에 치약 넣기

2. 치약을 물에 잘 풀어 주기

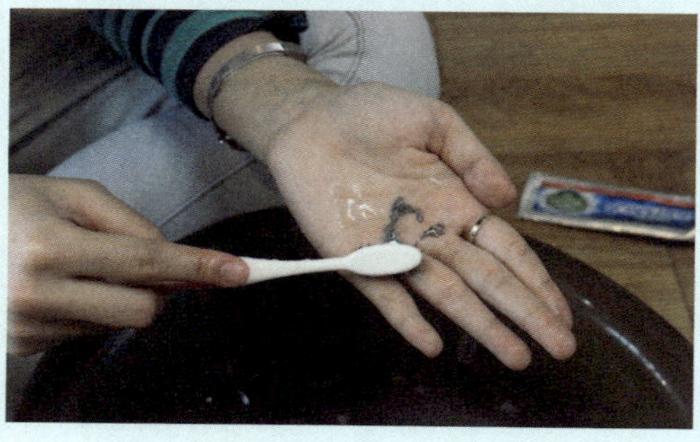

3. 칫솔로 귀금속 꼼꼼하게 닦기

유통기한이 지난 치약을 활용하는 방법은 무궁무진합니다. 특히 때 빼고 광내는 데 많이 사용합니다. 정리하면 활용법이 총 15가지 정도 됩니다. 그중에서 특히 효과가 큰 몇 가지가 있습니다.

첫 번째, 은 제품 닦는 데 탁월합니다. 귀금속과 은수저는 닦기가 번거롭고 어렵습니다. 그런데 치약만 묻혀서 쓱쓱 닦아주거나 미지근한 물에 치약을 풀어서 몇 분 담근 다음에 칫솔로 몇 번 문지르면 반짝반짝해집니다.

두 번째, 화장실 청소할 때 타일 틈에 낀 곰팡이나 물때는 칫솔에 치약을 묻히고 문지르면 잘 지워집니다.

세 번째, 하얀 벽지에 아이들이 크레파스로 그려놓은 낙서를 마른 헝겊에 치약을 묻혀서 닦아주면 깨끗하게 지울 수 있습니다.

단, 치약은 금방 굳어버리니 재빨리 닦아주는 것이 좋습니다. 이것 말고도 결이 울퉁불퉁한 손톱, 손때나 얼룩이 묻은 방문 손잡이나 전등 스위치, 냉장고 안과 밖, 피아노 건반, 하얀 가구 등도 치약으로 닦아내면 하얗게 되돌아옵니다.

화장실 타일 치약으로 청소하기

1. 더러운 화장실 타일

2. 치약을 칫솔에 묻히기

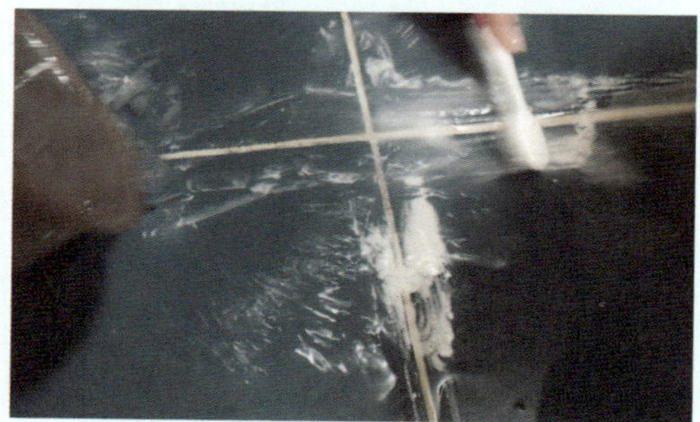

3. 칫솔질하여 타일 닦기

혼자 알기 아까운 나만의 치약 활용법 알려주세요!

한*희 바퀴벌레 죽이는데도 특효약. 치약 물을 진하게 타서 분무기에 넣고 바퀴벌레에게 쏴주면 치약 짜 놓은 것과 같은 효과를 준다네요.

김*현 바퀴벌레 퇴치에도 좋아요. 바퀴 잘 다니는 길목에 치약을 짜놓으면 바퀴가 치약 밟고 쓰러진답니다.

유*미 치약을 묻혀 지우면 송진액이 잘 지워졌어요.

0982 베이킹소다와 치약을 뜨거운 물 조금 넣어서 걸쭉하게 만들어 운동화나 실내화 닦을 때 사용하는데 하얗게 잘 빨려요. 수도꼭지 닦을 때 써도 광나게 잘 닦이고요.

남아도는 린스, 어떻게 활용할까?

명절 선물 세트에는 꼭 샴푸와 린스가 함께 들어있고, 마트 행사 할 때도 샴푸 린스 세트로 파는 것들이 많습니다. 그런데 식구 중에 린스 사용하는 사람이 별로 없다 보니 샴푸는 늘 금방 떨어지는데, 린스는 그대로 남아서 쌓이게 됩니다. 넘쳐나는 린스를 이렇게 버려둬서는 안 되겠다는 생각이 들어서 린스 활용법에 대한 뒤를 캐봤습니다!

린스는 청소할 때 이용하면 좋습니다. 준비물은 걸레와 린스 단 두 가지입니다. 걸레에 린스를 조금 덜어주고 린스가 걸레에 잘 묻을 수 있게 비벼서 잘 발라줍니다. 걸레는 살짝 젖은 상태가 더 좋지만 물을 묻히지 않고 써도 잘됩니다.

먼저 린스 묻은 걸레로 먼지 가득한 dvd 플레이어, 텔레비전, 컴퓨터를 닦습니다. 린스가 머리카락을 코팅해주는 역할을 하듯 가전제품 위도 코팅합니다. 그러면 반짝반짝해지고 먼지도 그전보다 잘 앉지 않습니다. 노트북에 아이들이 선명하게 찍어놓은 음식물 얼룩도 닦으면 잘 지워집니다. 특히 항상 먼지가 눈에 잘 보이는 검은색 가전 제품 닦아주는 데 아주 좋습니다.

다음으로 화장실 거울과 샤워부스 유리를 닦습니다. 항상 물이 튀기 때문에 물때가 많이 껴있고 비누나 세제 자국도 군데군데 남아있습니다. 린스 묻힌 걸레로 구석구석 닦아주고 린스가 묻지 않은 쪽으로 한 번 더 닦아줍니다. 그러면 그 어떤 유리 세정제보다도 깨끗하게 닦입니다. 물청소하면 항상 물 자국 없애느라 걸레로 한 번 더 닦아줘야 하는데 린스 하나면 물 자국 걱정 없습니다.

그리고 세면대 수도꼭지, 싱크대, 방문 손잡이, 스테인리스로 만든 부분을 살짝만 닦아줘도 마치 새집에 이사 와서 테이프를 막 떼어낸 것처럼 새것 같아집니다. 샤워기로 뜨거운 물을 대충 뿌리고 린스를 풀어서 닦아줘도 욕실 바닥이 깨끗하게 닦입니다. 그러나 미끄러울 수 있으니 조심해야 합니다.

린스로 화장실 거울 닦기

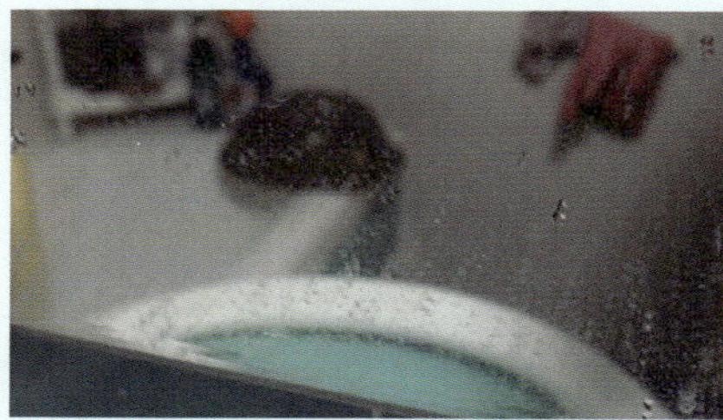

1. 더러운 화장실 타일

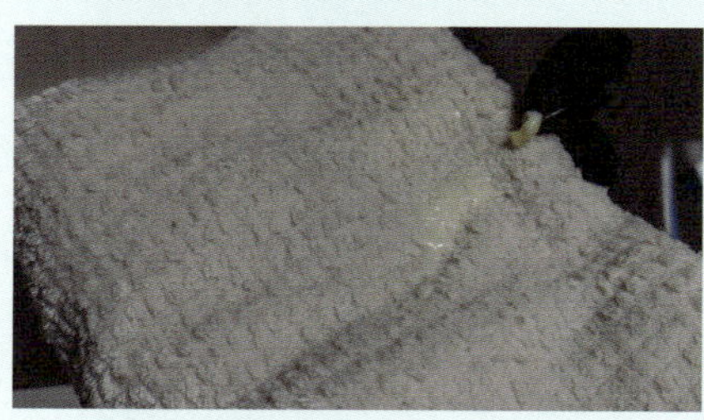

2. 린스를 걸레에 짜기

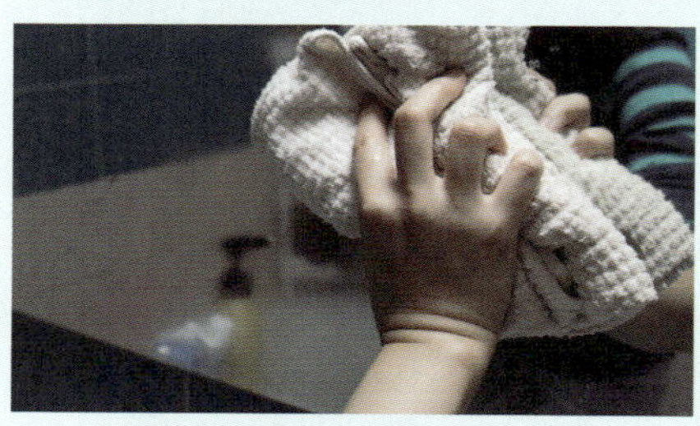

3. 린스 묻은 걸레로 거울 닦기

4. 깨끗해진 거울

린스를 활용하는 다른 방법도 있습니다. 스웨터를 세탁기에 그냥 돌려서 아기 옷이 되었을 때 이 방법을 사용하면 좋습니다. 물과 린스를 5:1 비율로 희석해서 분무기에 넣고 니트에 뿌려줍니다. 그다음에 스팀다리미로 옷을 누르면서 다림질을 해줍니다. 이렇게 하면 100%는 아니지만 입을 정도로 복구됩니다. 그리고 린스 물을 빨래할 때 섬유유연제 대신 넣어도 좋습니다.

혼자 알기 아까운 나만의 린스 활용법 알려주세요!

신영 린스 남는 것은 동네 복지관에 주면 노인 목욕봉사 때 할머니들 머리를 부드럽게 해줍니다. 스웨터는 린스보다 트리트먼트 남은 것으로 하면 더 잘 됩니다.

정남~이래요! 섬유유연제 떨어지면 린스로 해결하셔도 돼요.

먹방찐 머리에 껌 붙었을 때도 린스 사용하면 잘 떨어집니다.

신문지의 다양한 변신!

신문을 구독하다 보면 집에 신문이 쌓이게 됩니다. 아는 집에도 주고, 신발장, 차 안, 옷장, 싱크대 안에도 넣어두고 또 창문 닦을 때 재활용하고도 항상 남습니다. 남아도는 신문지 너무 아깝다는 생각이 듭니다. 분명, 이 외에도 재활용할 용도가 많겠지요? 그래서 신문지 활용법 뒤를 캐 보았습니다.

보통 신문지는 습기 제거할 때나 보관할 때 많이 사용합니다. 흔히 사용하는 방법이 신발장에 넣어서 신발 습기를 제거하는 것입니다. 특히 비 내린 날 신발이 젖었다면 신문지를 뭉쳐 안쪽에 넣어줍니다. 평소에도 신발 보관할 때 신문지를 넣어주면 습기와 형태를 잡아주고 냄새도 제거해줘서 좋습니다. 구겨서 신발장 군데군데 넣거나 신발장 바닥에 깔아도 좋습니다.

신발장 속 신문

신발 속 신문

모자 속 신문

옷 보관하기에도 유용합니다. 옷장 아래 깔아놓기만 해도 습기 제거에 효과적입니다. 니트류 보관할 때도 신문지를 끼워 넣어주면 습도 조절 뿐만 아니라 방충 효과도 볼 수 있습니다. 모자를 보관할 때도 모자 속에 신문지를 구겨 넣어서 보관하면 모자 형태가 그대로 유지되어서 좋습니다.

그리고 기름을 사용하여 요리할 때 신문지를 부채꼴 모양으로 접어서 주름을 만들어준 후 그 위에 종이 랩을 깔고 튀김을 올려놓으면 기름기가 잘빠집니다. 감자나 고구마를 신문지에 말아 보관하면 싹 나는 것을 늦출 수 있습니다. 또 냉장고 안에 채소 넣을 때도 신문지에 돌돌 말아서 보관하면 오랫동안 싱싱하게 보관할 수 있습니다.

유리창이나 거울 닦을 때도 유용합니다. 학창시절에 신문지로 유리창 닦아본 경험이 있을 것입니다. 유리창 닦을 때는 신문지에 물이나 유리 세정제를 뿌리고 신문지로 닦는 것이 가장 깨끗합니다. 또 방충망 먼지 제거할 때도 망 한쪽에 신문지를 붙인 다음 반대쪽에서 진공청소기로 빨아들이면 금방 깨끗해집니다. 창틀도 신문지를 물에 푹 적신 다음에 창문틀에 꾹꾹 눌러 넣어주고 30분 지나서 떼어내면 말끔하게 먼지가 제거됩니다.

목욕 후에 욕실 벽면에 신문지를 잠깐 붙여두면 벽에 있던 물기와 이물질을 흡수해서 타일 틈새의 곰팡이를 어느 정도 막을 수 있습니다. 그리고 손이 닿지 않는 가구 위에 먼지 제거하기도 좋습니다. 신문지를 돌돌 말아서 봉처럼 만들고 분무기로 물을 적당히 뿌려준 후 가구 위를 쓱쓱 밀어주면 먼지 날리지 않고 청소할 수 있습니다.

신문지는 보온 유지하는 데도 좋습니다. 뚝배기 요리 먹을 때 신문지로 냄비를 감싸고 먹으면 따끈함이 오래갑니다. 그리고 텔레비전에 가끔 신문지를 이불처럼 덮고 자는 장면이 나오는데, 그만큼 방한성이 뛰어납니다. 추운 날씨에 자전거나 오토바이를 탈 때 재킷 안쪽 가슴에 신문 서너 장을 겹쳐 넣으면 오리털 점퍼 부럽지 않습니다. 방석 속에 신문을 구겨 넣어도 폭신하고 따뜻해서 겨울철에 좋습니다.

신문으로 유리창 닦기

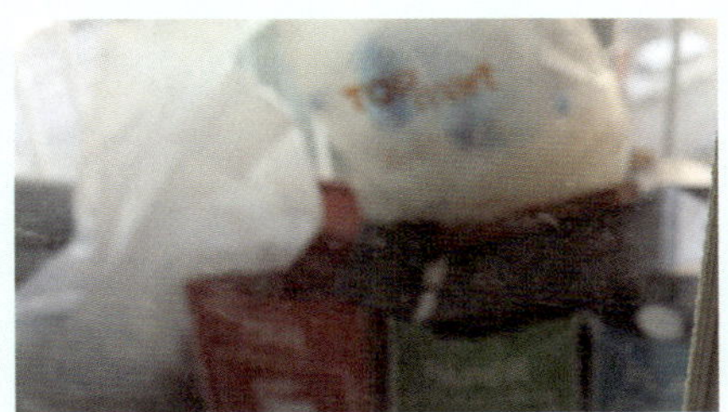

1. 더러운 유리창

2. 안쪽 유리창 닦기

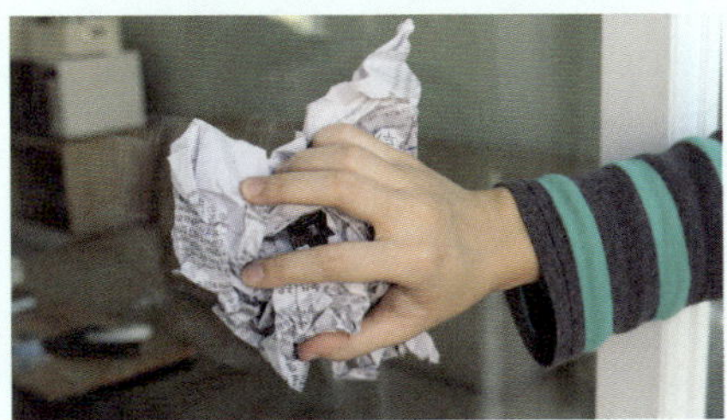

3. 바깥쪽 유리창 닦기

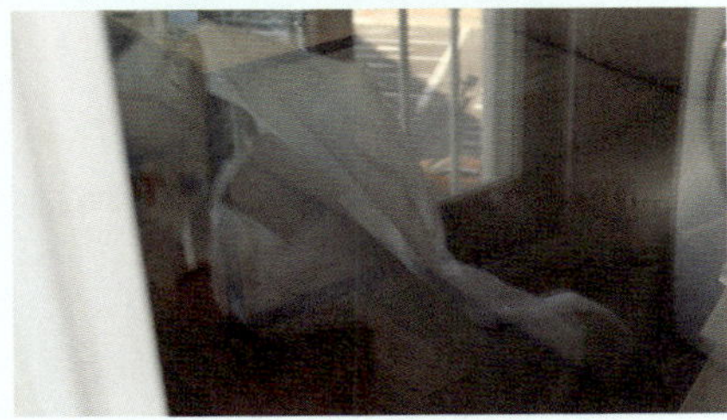

4. 깨끗해진 유리창

또 앞치마가 없을 때 가운데 동그랗게 구멍을 내주고 입으면 일회용 앞치마가 완성됩니다. 이 밖에도 줄자가 없을 때 대략적인 길이를 잴 수 있어 좋습니다. 신문지를 펼쳐서 대각선 방향으로 접으면 길이가 대충 1m쯤 됩니다. 칼이 무뎌졌는데 숫돌이 없으면 신문지를 여러 장을 둥글게 말고 신문지 끝에 물을 적셔서 칼자루랑 칼 끈 사이를 10번만 문질러도 어느 정도 갈립니다. 가위도 같은 방법으로 갈아 쓸 수 있습니다.

방송 후에는 어떤 질문이 올라왔을까요?

9367 채소를 신문으로 싸면 잉크 성분은 우리 몸에 괜찮나요?

신문잉크기술연구소에는 신문잉크가 유성이지만 주성분이 소나무 송진, 석유제용제, 물에 녹지 않는 안료 등으로 일상적으로 이용할 때 인체에는 큰 무리가 없다고 합니다. 다만 채소나 과일을 감싸는 데 활용할 때는 될 수 있으면 전면사진이나 광고물 쪽은 피해서 싸는 게 좋습니다.

또 신문은 자연 건조 방식이기 때문에 갓 발행한 신문보다는 며칠 지난 신문으로 싸는 것이 좋습니다. 그리고 과거 신문잉크에 문제가 됐던 노닐페놀은 2000년 중반 이후로는 규제받고 있으므로 신문잉크에 사용하지 않는다고 합니다.

뒤를 캐는 여러분

혼자 알기 아까운 나만의 신문지 활용법 알려주세요!

6946 김치냉장고나 냉장고에 신문지를 넣어 정리하세요. 습기 제거에 좋습니다.

2322 4년째 침상에 누워만 지냅니다. 침상 위에 신문지를 깔고 위에 시트 깔면 땀이 흡수돼서 욕창 방지에 도움이 많이 됩니다.

6072 신문지를 여러 장 접어서 종이 호일 깔고 두부를 올려줘도 물기가 쫙 빠집니다.

0789 태풍 올 때 분무기로 물 뿌려서 베란다 유리에 붙여놓으면 유리창 파손 방지돼요!

송*석 신문을 키친타월에 싸서 쌀통에 넣어두면 쌀벌레 안 생겨요!

9694 시골 밭고랑에 신문지 펴서 깔아놓으면 잡초 제거 필요 없어 좋습니다.

유*순 옷에 묻은 풀 지울 때 신문지 덮고 다리미로 스팀 한번 뿌려주면 깔끔합니다.

7191 바지 걸이가 없을 때 세탁소용 철 옷걸이에 신문지를 두껍고 둥글게 말아 테이프 붙여서 사용하면 바지 걸이 따로 필요 없습니다.

8237 신문을 20장 정도 펴서 광목을 신문지 크기로 박음질해서 다리미판 하세요. 두껍게 깔고 다리미판으로 사용하시는 분들도 많더라고요.

2780 우리 집은 강아지 배변 판에 패드 대신 사용합니다. 강아지 소변 냄새가 훨씬 적게 납니다.

풍각장이 범칙금 딱지가 차 유리창에 붙어서 안 떨어질 때 신문지를 물에 담갔다가 스티커 위에 올려놓고 조금 기다린 후에 문지르면 깨끗해집니다.

2

사지 않고 만들어 쓰는
'나만의 살림 용품'

친환경 천연 세제 3총사

아기가 생기면서 출산을 위해 꼭 준비하는 것 중에 세제가 있습니다. 화학 세제로 설거지하거나 빨래를 하면 잔여물이 남아 아토피나 알레르기를 유발한다고 알려졌기 때문입니다. 민감한 아기 피부에 직접 닿는다고 또 아기가 직접 먹는다고 친환경, 천연 유기농과 같이 비싸고 좋은 세제들로 바꾸신 분들 많으시죠? 그래서 친환경 천연세제의 뒤를 캐봤습니다!

친환경 천연 세제 3총사는 주로 식품첨가제로 사용하여 실제로 먹을 수도 있는 베이킹소다, 과탄산소다, 구연산입니다.

베이킹소다는 대부분 가정에 있습니다. 우리가 먹는 과자, 빵을 만드는 베이킹파우더의 주성분입니다. 본래 성격이 알칼리성을 띠고 있어서 산성을 띠는 오염물질을 없애주는 데 탁월한 효과를 냅니다. 과일의 농약을 없애는 데, 그릇 기름기 닦아내는 데, 욕실 청소할 때

등 그 쓰임이 아주 다양합니다.

다음으로 구연산은 레몬이나 감귤에 들어있는 염기성 산입니다. 신맛을 내는 식품첨가물로 주스나 식초에 들어가 있습니다. 식초와 비슷한 효능이 있습니다. 빨래할 때는 섬유유연제 역할을 해주고 옷감 피부에 자극을 주지 않아서 아기 옷 세탁할 때 많이 쓰입니다. 싱크대 묵은 때 제거하는 데도 도움이 됩니다.

과탄산소다는 산소계 표백제입니다. 물에 녹으면 부글부글 화학반응이 일어나면서 산소가 발생합니다. 산소가 옷감의 얼룩을 제거해주어 표백제의 역할을 하고 옷감에는 세제 찌꺼기가 남지 않아 친환경 세제 대용으로 많이 씁니다.

삼총사 모두 시중에서 1kg에 1,000원 선으로 살 수 있습니다. 이 세 가지 원료를 섞어서 사용하면 그 효과는 배가 됩니다. 우선, 세탁 보조제로 많이 사용합니다. 일반 세제를 평소 사용량보다 1/5 정도로 넣고 베이킹소다 반 숟가락 조금 안 되게, 과탄산소다 반 숟가락을 함께 넣어줍니다. 이렇게 하면 냄새 제거, 찌든 때 제거에 효과적입니다. 흰옷은 정말 새하얗게 되어 기분이 좋습니다. 여기에 구연산을 조금 넣어주면 살균 효과와 부드러움까지 느낄 수가 있습니다.

다만 구연산은 구연산수를 만들어 사용하는 게 좋습니다. 빈 용기에 물 200mL 구연산 1~2 작은 숟가락을 넣어서 만들면 됩니다. 과탄산소다는 찬물에 잘 녹지 않으니까 따뜻한 물이나 미지근한 물로 세탁해 주는 게 좋습니다.

주방에서도 활용할 수 있습니다. 웬만한 기름때 아니고는 수세미에 베이킹소다를 묻혀서 설거지합니다. 탄 냄비 때 제거는 베이킹소다와 구연산, 물을 넣고 끓여서 지우면 말끔히 지워집니다. 또 커피포트나 프라이팬, 도마 닦을 때, 과일 씻을 때도 베이킹소다와 구연산수를 이용합니다. 아기 젖병이나 물병 소독도 구연산수에 담가두면 좋습니다. 구연산수는 변질이 쉬워서 만들어놓고 일주일 정도만 보관할 수 있습니다. 그때그때 조금씩 만들어 사용하는 것이 좋습니다.

더불어 청소의 원리를 알면 청소를 더 효율적으로 할 수 있습니다. 먼저 기름때는 산성입니다. 가스레인지나 싱크대, 배수구, 후드망의 기름때는 모두 산성입니다. 그래서 알칼리성으로 지우면 중화되어 오염물질이 벗겨집니다. 이때 알칼리성인 베이킹소다를 사용합니다. 베이킹소다를 따뜻한 물에 녹여 베이킹소다수를 만들어 사용하면 됩니다. 또 부패한 음식물 냄새도 산성입니다. 베이킹소다를 음식물 쓰레기통이나 반찬 통, 김치통에 뿌려주면 냄새 제거에 효과적입니다.

반면에 생선 비린내는 알칼리성이라서 산성 물질로 지우면 됩니다. 대표적인 산성 물질인 식초나 구연산으로 제거 가능합니다. 그뿐만 아니라 각종 물때나 비누 얼룩도 모두 알칼리성이므로 욕실 청소할 때는 구연산이나 식초를 사용하면 좋습니다. 알칼리인 베이킹소다와 산성인 식초, 구연산이 만나면 강한 화학반응이 일어나는데 이때 생기는 거품을 이용해서 청소하면 강한 오염 물질을 제거할 수 있습니다. 다만 더는 거품이 나지 않으면 중화되어 맹물과 다름없습니다. 거품이 날 때 청소해야 합니다.

마지막으로 에탄올은 기름을 용해합니다. 소주에는 에탄올이 20% 들어있습니다. 기름때 제거할 때, 냉장고 청소할 때, 살균 소독할 때 이용하면 좋습니다.

뒤를 캐는 여러분

혼자 알기 아까운 나만의 친환경 세제 활용법 알려주세요!

김*정 한 가지 보태자면 베이킹소다로 플라스틱 제품 닦을 때는 꼭 물에 녹여서 쓰세요. 모르고 직접 가루로 문질렀더니 플라스틱에 흠집이 나서 그릇 버렸네요.

EM 발효액의 모든 것

EM 용액이 청소나 설거지할 때 세정력은 크면서 건강과 환경에 해롭지 않다고 화제가 되고 있습니다. EM 효소가 무엇이기에 세제효과가 있을지, 어디서 구매하고 어떻게 하는지 궁금한 분들이 많습니다. 그래서 EM 발효액 뒤를 캐봤습니다.

EM은 '유용한 미생물' 이라는 뜻의 영문 이니셜입니다. 1980년대 일본의 한 대학에서 히가 테루오라는 교수가 발견했습니다. 자연계에는 수많은 미생물이 존재하는데 그중에서 광합성세균, 효모균, 유산균 등 우리에게 유익한 착한 미생물을 조합, 배양한 것입니다. 이 착한 세균들을 이용해서 산화할 것을 항산화하도록, 부패할 것을 발효하도록 해서 나쁜 세균들을 제압하는 원리입니다. EM 원액에 설탕, 소금, 쌀뜨물을 섞어서 쌀뜨물 EM 발효액을 만듭니다. EM 원액은

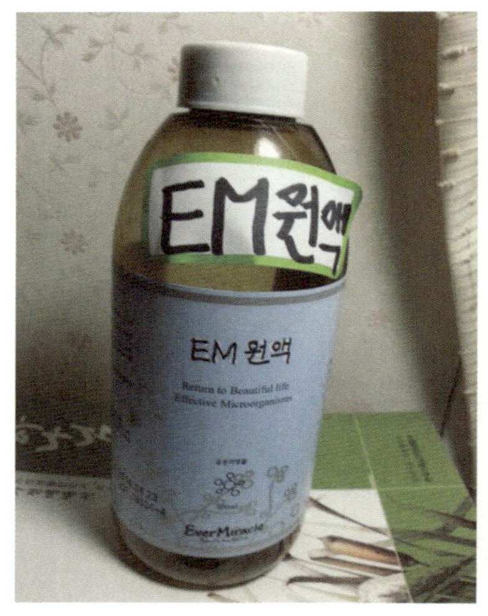

EM 원액

EM 용액 만드는 재료

인터넷으로 쉽게 구할 수 있습니다. 500mL짜리를 4,000~5,000원이면 살 수 있고, 친환경 매장이나 약국에서 팔기도 합니다. 요즘 지자체에서 무료로 나눠주는 곳도 있습니다.

EM 용액 만드는 방법은 다음과 같습니다. 준비물은 EM 원액, 2L짜리 페트병, 깔때기, 쌀뜨물, 설탕, 소금입니다. 설탕은 미생물의 먹이가 되고 소금의 미네랄이 첨가되는 것입니다. 잘 씻어 말린 페트병에 우선 쌀뜨물을 3/2 정도 채워줍니다. 쌀뜨물은 될 수 있으면 처음 나오는 물이 좋습니다.

여기에 설탕 한 큰술 넣어주고 소금은 작은 숟가락 하나 정도 넣어

EM 발효액

벌레 퇴치용 EM 용액

줍니다. 설탕을 많이 넣으면 발효도 더 잘됩니다. 그리고 EM 원액을 병뚜껑으로 4번 넣어주고 뚜껑을 닫고 살살 흔들면서 섞어주면 됩니다. 설탕이 녹을 만큼 충분히 흔들고 따뜻한 곳에 두어 발효시킵니다.

20°C~40°C 정도 되는 실온에서 발효를 시켜야 하는데 냉장고 옆에 두면 열기가 느껴져 좋습니다. 발효되면서 가스가 나오는데 병이 빵빵해져 있다면 뚜껑을 열어 가스를 빼줘야 합니다. 겨울철에는 이틀에 한 번만 빼줘도 되는데 여름에는 하루에 적어도 한 번 이상 빼주는 것이 좋습니다. 뚜껑을 열다가 '빵~' 하는 소리에 깜짝 놀라기도 하니 풍선 터지기 전처럼 마음의 준비가 조금 필요합니다. 내용물이

약간 튈 수도 있으니 눈은 멀리하는 것이 좋습니다. 이렇게 일주일 정도, 겨울에는 이주일 정도가 지나면 더는 가스가 나오지 않습니다. 가스가 나오지 않으면 완성입니다.

그런데 용액 만들기에 실패하기도 합니다. 시간이 지날수록 하얗게 곰팡이가 끼면서 아주 심한 악취가 나는 경우가 있습니다. 직사광선에서 발효시키면 생기는 현상입니다. 일주일 정도 발효 하고 나서 막걸리같은 새콤한 냄새가 나면 성공, 쾌쾌한 냄새가 난다면 실패입니다. 실패한 것은 변기에 넣어 버리면 변기 소독에 도움이 됩니다. 다 만들어졌으면 실온보관으로 한 달 정도 사용이 가능합니다.

EM 용액은 쓰임새가 다양합니다. 크게 보면 설거지할 때, 빨래할 때, 욕실 청소할 때 세제 대신 사용할 수 있습니다. 계핏가루를 살짝 섞어서 각종 벌레 퇴치하는데도 효과가 좋습니다. 여름철에는 쓰레기통 주변에 날 파리와 초파리 많습니다. 그럴 때 EM 용액을 분무기에 넣어 뿌려주면 됩니다. 에어컨 청소할 때도 바람나오는 입구에 가끔 뿌려주면 좋습니다. 칫솔 소독도 할 수 있습니다.

다만 친환경 세제이기 때문에 기름기 제거 하는 데는 조금 약합니다. 그러나 용액에 밀가루를 조금 섞어주면 기름기 제거도 아주 잘 됩니다.

뒤를 캐는 여러분

혼자 알기 아까운 나만의 EM 발효액, 활용법 알려주세요!

8671　EM은 화초에도 좋아요.

홈메이드 습기 제거제

요즘 알뜰주부들은 각종 세제뿐만 아니라 제습제도 직접 만들어 씁니다.
마트에서 파는 제습제는 하나당 가격이 1,000~2,000원 꼴로 꽤 비쌉
니다. 자주 교체해줘야 하고 집안 여러 곳에 놓아야 하니까 비용이 만만
치 않게 들어갑니다. 그런데 염화칼슘만 있으면 집에서 간단히 만들어 재
사용할 수 있습니다. 그 방법 알려드리겠습니다.

제습제의 주성분인 염화칼슘은 이름처럼 염소와 칼슘을 반응시켜서
만든 이온성 화합물입니다. 화학식은 $CaCl_2$입니다. 상온에서는 고체
인데 하얀색이며 물에 잘 녹습니다. 수분을 잘 흡수하는 성질이 있어
서 겨울철에 눈 위에 염화칼슘을 뿌리면 주변의 습기를 흡수해서 눈
이 녹습니다. 녹으면서 생기는 열이 주변의 눈을 다시 녹입니다. 염화
칼슘으로 녹은 물은 영하 54.9℃가 되어야 다시 얼기 때문에 빙판길

을 녹이고 다시 얼지 않게 하는 제설제로 아주 유용합니다.

그뿐만 아니라 자신의 무게 14배 이상의 물을 흡수할 정도로 조해성이 강합니다. 조해성은 공기 중에 노출된 고체가 수분을 흡수해서 녹는 현상입니다. 습기 제거제를 사용하고 꺼내보면 물이 가득 담겨있는데 바로 염화칼슘의 조해성 때문입니다.

본격적으로 제습제를 만들려면 염화칼슘, 재활용 통, 한지, 가위, 풀이 필요합니다. 먼저 염화칼슘은 과거에 지자체 제설 창고에나 있었겠지만, 지금은 쉽게 구할 수 있습니다. 인터넷 쇼핑몰이나 대형마트에서 팔고 있습니다. 제품마다 가격이 조금씩 다르지만, 평균 5kg에 8,000원 안팎입니다. 5kg이면 리필용 제습기를 30개나 만들 수 있는 양입니다.

염화칼슘을 구매했다면 이제 다 사용한 제습제 통(일명 하마통)을 씻고 말려서 사용하면 됩니다. 한지에 통 입구 부분을 그려 여유 있게 잘라주고 염화칼슘을 2/3 정도 채워줍니다. 손에 닿으면 따가울 수 있으므로 비닐장갑을 끼거나 숟가락을 이용해서 담아줍니다. 그리고 풀로 통 테두리에 한지를 고정해준 후 뚜껑을 닫아주면 완성입니다. 만드는 데 5분도 걸리지 않습니다.

다 쓴 제습제 통이 없을 때 페트병을 이용하는 방법도 있습니다. 페트병을 반으로 잘라서 윗부분을 거꾸로 아랫부분에 끼워줍니다.

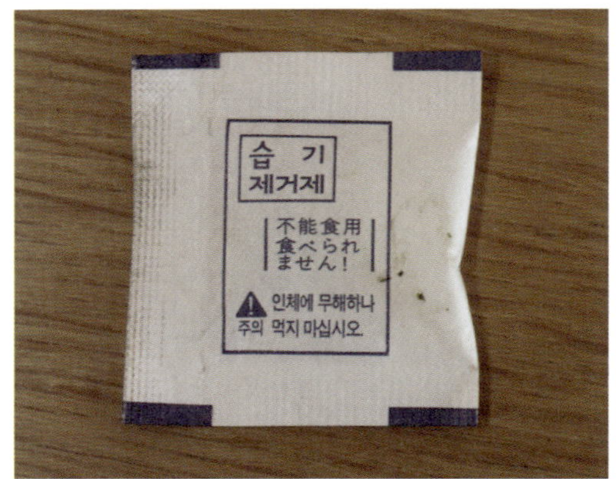

실리카겔
'인체에 무해하나 먹지 마십시오'

커피 거름종이를 껴서 그 위에 염화칼슘을 올려주고 윗부분은 양파
망이나 부직포, 한지 등을 덮어서 고무줄로 고정하면 훌륭한 제습기
가 됩니다. 쓰고 남은 염화칼슘은 습기 안 먹게 단단히 밀봉해서 보관
합니다. 보관 기간은 2년입니다.

염화칼슘 외에 김이나 과자 봉지 안에 있는 실리카겔도 재활용이
가능합니다. 포장용 김 안에는 작은 습기 제거제가 있습니다. 종이팩
안의 작은 알갱이들이 실리카겔입니다. 황산과 규산나트륨이 반응하
면서 만들어지는 튼튼한 그물조직의 겔 형태 입자입니다. 표면적이
아주 넓어서 물이나 알코올을 흡수하는 능력이 매우 뛰어나 제습제
로 많이 사용합니다. 꽃을 말릴 때도 이 실리카겔을 이용하면 꽃의 수
분이 쫙 빠져나가면서 색과 모양을 잘 보존할 수 있습니다.

　수분을 많이 먹은 실리카겔은 흡수 능력이 떨어지는데, 이걸 다시 가열하면 수분이 날아가서 처음과 똑같은 흡수 능력을 갖게 됩니다. 몇 개를 모아 봉지를 뜯고 알갱이를 그릇에 담아서 전자레인지에 30초 정도 돌려주거나 프라이팬에서 가열해주면 수분이 날아가서 본래 색인 흰색이나 푸른색이 됩니다. 그럼 작은 부직포 주머니나 천 주머니에 담아서 신발 안쪽이나 가방 안, 서랍 안, 이불장 안에 쏙 넣어주면 좋습니다. 특히 좁은 공간 습기를 제거 하는 데 안성맞춤입니다. 습기 제거제 겉면에 '인체에 무해하나 먹지 마십시오.' 라고 적혀있으니 아이들 손닿지 않는 곳에 잘 보관해야겠습니다.

고장이 난 지퍼 집에서 손쉽게 고치는 방법

가방에 든 물건을 빨리 꺼내야 하는데, 가방 지퍼가 고장 나서 잘 안 열릴 때, 오랜만에 옷장에서 예쁜 옷 꺼내 입었는데 지퍼가 고장이 나 있을 때 정말 난감합니다. 이럴 때 응급으로 지퍼 고치는 방법 알려드리겠습니다.

지퍼는 사이사이의 홈이 맞물리는 원리입니다. 지퍼의 이빨 부분이 변형되거나 이물질이 끼었을 때, 오래되었을 때도 고장이 나게 됩니다.

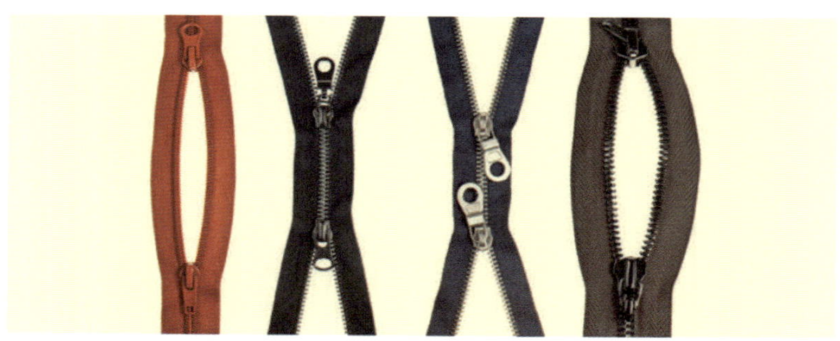

고장난 지퍼 고치기

1 역방향으로 움직여봅니다. 지퍼 안 잠기는 부분을 평평하게 잡아당긴 후에 지퍼를 역방향으로 움직여봅니다. 무리하게 잡아당기면 지퍼도 상하고 옷도 상하므로 주의해야 합니다.

2 막힌 부분을 풀어줍니다. 지퍼가 안 잠길 때는 지퍼에 옷감이 걸려서 막힌 경우가 가장 많습니다. 옷감이 걸렸나 확인해보고 옷감을 빼고 올리면 됩니다.

3 부드럽게 해주는 방법입니다. 기름이나 연필심을 이용하면 됩니다. 연필심이 일시적으로 표면을 부드럽게 만들어줍니다. 연필 끝 부분으로

역방향으로 지퍼 움직이기

지퍼에 초 문지르기

지퍼에 연필심 문지르기

지퍼 이빨 부분을 한번 문질러주거나 비누나 로션, 기름 종류를 문질러서 부드럽게 만들어 줍니다. 초를 문지르는 것도 방법입니다.

4 지퍼를 살짝 변형시키는 것도 좋은 방법입니다. 펜치를 이용해서 막힌 부분을 살짝 틀어서 변형시켜주면 다시 움직이게 되는 경우가 많습니다. 하지만 역시 무리하게 힘을 가하면 지퍼가 부서질 수도 있고 자국이 남을 수도 있으니 조심해야 합니다. 고친 후에는 반드시 원래의 형태로 만들어줘야 합니다. 지퍼 이빨 부분이 고르지 못하고 튀어나와 구부러져 있을 때도 펜치로 살짝 틀어주시면 됩니다.

오래된 향수로 디퓨저 만들기

재수학원에 다니던 시절 한 삼수생 오빠가 지나가면 은은하고 상쾌한 향기가 나서 저도 모르게 그 오빠를 짝사랑했었던 기억이 납니다. 그다음부터 향수에 대한 로망이 생겨서 저도 꽤 즐겨 뿌렸습니다.

그런데 아기 가지면서 그 많던 향수들 열어본 적이 없습니다. 버리기엔 너무 아까워서 그냥 두었는데 이젠 먼지도 수북합니다. 그래서 향수 보관법 그리고 안 쓰는 향수 활용법 뒤를 캐보겠습니다.

향수의 유통기한은 보통 1~3년입니다. 개봉하면 바로 공기가 유입되어 향이 날아가거나 변질할 수 있습니다. 될 수 있으면 빨리 사용하는 것이 좋고 사용 후에는 반드시 뚜껑을 잘 닫아 놓아야 합니다. 향수가 온도에 민감한 편이기 때문에 절대 온도변화가 많은 욕실에는 보관하지 말아야 합니다.

디퓨저 만들기 재료

보관할 때는 직사광선을 피해서 통풍이 잘되는 15℃ 안팎의 선선한 온도를 유지하는 것이 좋습니다. 온도가 너무 낮으면 원액 결정이 분리되고 너무 높으면 원액이 산화되거나 분리되기 때문입니다. 그리고 흔들리는 곳도 피하는 것이 좋습니다. 병이 흔들려 공기와 접촉하게 되면 향이 계속 변하게 됩니다. 그래서 차 안이나 가방 안에 넣고 다니는 것은 좋지 않습니다.

향수를 사용할 때는 위에서 직접 분무하는 것보다 아래쪽에서 뿌리는 것이 자연스럽고 향 발산력이 더 탁월합니다. 향기가 아래에서 위로 올라가면서 퍼지기 때문입니다. 옷에다가 뿌린다면 겉에는 얼

완성된 디퓨저

룩이 생길 수 있으니 옷의 안감이나 아랫단, 넥타이 안쪽, 스타킹에 뿌리는 것이 좋습니다. 몸에다 직접 뿌린다면 귀 뒤, 손목 뒤, 무릎, 복사뼈 주위, 목덜미 등이 좋습니다. 맥박이 뛰는 부위에 뿌리면 맥박이 뛸 때마다 은은하게 향이 퍼집니다. 그리고 다림질하기 전에 다림판에 한번 뿌리고 다림질을 하면 다리미의 열이 향을 가볍게 스머들게 해주어 은은한 향을 느낄 수 있습니다. 빗질할 때 브러시에 살짝 뿌려주는 것도 좋습니다. 주의할 점은 겨드랑이 같이 땀이 많이 나는 부위는 피하는 것이 좋고 향수를 뿌린 부위가 햇빛에 직접 노출되면 기미가 생기기 쉬우니 조심해야 합니다.

쓰기 않는 향수는 머리 감을 때 헹구는 과정에서 한 방울 떨어뜨리거나 스킨에 한 방울 떨어뜨려서 사용하면 바디미스트로 사용할 수 있습니다. 백열전구에 한 방울 묻히면 불을 켤 때마다 은은한 향기가 퍼져 나옵니다.

향수를 활용하는 가장 좋은 방법은 요즘 유행하고 있는 디퓨저(방향제)를 만드는 것입니다. 디퓨저는 10만 원이 훌쩍 넘는 가격도 있습니다. 그런데 안 쓰는 향수로 집에서 간단히 디퓨저를 만들 수 있습니다. 준비물은 안 쓰는 향수, 소독용 에탄올, 펜치 그리고 고기 산적할 때 쓰는 나무 꼬치, 빈 유리병입니다. 빈 유리병은 베이킹소다로 씻어 놓습니다. 에탄올은 약국에서 1,000원이면 쉽게 살 수 있습니다. 나무 꼬치는 못 쓰는 김발을 이용해도 됩니다.

먼저 향수 뚜껑을 열어야 하는데 대부분 잘 열리지 않도록 입구가 완전히 봉인되어 있습니다. 펜치를 이용해서 입구 부분을 조심조심 분해해주고 유리병에 남은 향수를 콸콸 부어줍니다. 그리고 에탄올을 섞어줍니다. 향수원액은 워낙 진하고 강해서 에탄올을 이용하여 향을 은은하게 해주고 또 지속력도 오래가게 해줍니다. 시중에 파는 방향제에도 에탄올이 많이 들어있습니다. 향수와 에탄올의 비율은 6:4, 7:3, 8:2 정도로 향을 맡아보면서 조절하면 됩니다. 향이 진하다 싶으면 에탄올만 더 넣어줘도 됩니다.

병 장식은 리본, 끈, 조화 등 집에 있는 것으로 양면테이프를 이용해서 취향대로 장식해줍니다. 리본으로 병목 부분 한번 둘러주고 먼지 쌓인 조화를 잘 씻어서 병 입구 부분에 그냥 올려두면 뚜껑대용으로도 좋습니다. 그리고 나무 꼬치를 쏙쏙 꽂아주면 완성입니다.

천연 가습기 만들기

아이가 태어나면서부터 가장 신경이 많이 쓰이는 부분 중 하나가 바로 집 안 가습입니다. 가습기, 에어워셔, 천연 가습기 등 가습하는 방법은 거의 다 동원해본 후 그중에서 효과가 좋았던 몇 가지만 알려드리겠습니다. 천연 가습기 위주로 알려드리겠습니다.

가습기 다음으로 습도를 빨리 오르게 하는 것은 방에 빨래를 널어놓는 것입니다. 그런데 실내에서 빨래를 말리면 섬유 속에 포함된 세제 성분이 공기 중에 섞여 호흡기를 자극할 수 있습니다. 또 집먼지진드기를 증식시킬 수 있고 빨래에서 좋지 않은 냄새가 날수도 있습니다.

이러한 단점을 최소화하려면 헹굼을 평소보다 여러 번 하고 섬유유연제 대신 식초를 사용하는 방법이 있습니다. 아니면 가습 전용수

건, 시트를 하나 정해서 맑은 물을 적시고 가볍게 탈수해서 널어놓는 방법이 있습니다. 수건을 널 때는 옷걸이에 걸어서 끝 부분을 물에 담가 놓는 것도 방법입니다.

그리고 솔방울을 이용해 가습할 수 있습니다. 그런데 이것도 관리를 잘해야 합니다. 솔방울을 주워오면 먼지와 진액을 잘 제거합니다. 제거할 때 칫솔을 이용해서 구석구석 잘 씻어야 하고 특히 진액은 제거가 잘 안 되므로 살짝 데치거나 뜨거운 물을 부어 제거하는 방법이 있습니다. 잘 씻은 솔방울은 볕에 한번 말려줍니다.

다 마르면 이번에는 끓여서 식힌 물에 담가둡니다. 솔방울이 물기를 머금으면서 점점 오므라듭니다. 한 시간 정도 지나서 꽃봉오리처럼 완전히 닫히면 물기를 조금 털어서 건조한 방에 두면 됩니다. 건조 상태에 따라 길게는 2~3일까지도 가습 효과가 있습니다. 물기가 말라 완전히 펼쳐지면 또 물에 불려 사용하면 됩니다. 이런 방법으로 최대 10개월까지 사용할 수 있습니다.

솔방울은 가습 효과와 함께 은은한 솔 향도 나고 실내장식 효과까지 있어 좋습니다. 단, 솔방울 몇 개 가지고는 크게 효과를 못 느낄 수 있습니다. 방 크기에 따라 될 수 있으면 많이 사용해야 효과를 볼 수 있습니다. 또 그릇에 그냥 쌓아두면 아래에 곰팡이가 필수 있으므로 넓은 접시나 채반에 두거나 자갈돌을 깔고 그 위에 두는 것이 좋습니다.

이 외에도 어항이나 화분을 두거나 숯을 물에 담가두는 방법도 많이 씁니다. 화분은 입이 넓은 식물일수록 가습 효과가 좋은데 산세비에리아, 행운목, 아레카야자, 선인장 등이 효과가 좋습니다. 다른 방법으로는 달걀 껍데기에 젓가락으로 구멍을 낸 후, 내용물은 계란말이 해먹고 껍데기를 잘 씻어서 그 안에 물을 채워 넣습니다. 잘 세워서 방에 두면 가습기가 됩니다. 귤껍질도 잘 씻어 방안에서 말리면 가습 효과가 있습니다.

그리고 쟁반, 컵이나 그릇, 젓가락, 휴지를 이용하는 방법이 있습니다. 여행 갔을 때 임시방편으로 사용하면 좋습니다. 우선 오목한 대접에 젓가락을 양쪽에 올려놓습니다. 물을 채우고 젓가락 위에 휴지

임시방편 가습기 만들기

1. 쟁반, 그릇, 젓가락, 휴지
   준비

2. 그릇에 물을 채우기

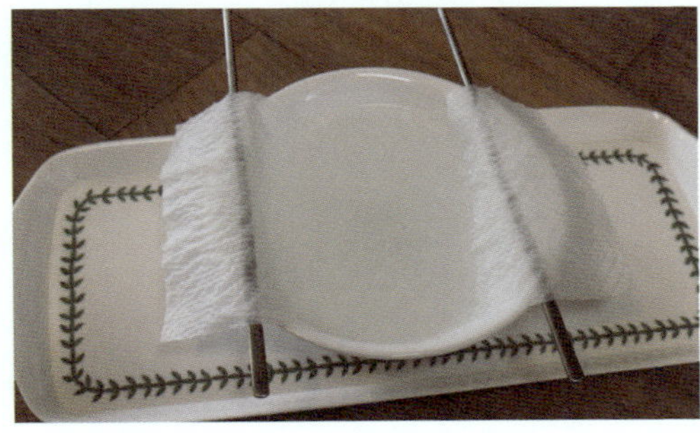

3. 젓가락을 양쪽에 올리고
   휴지 넣기

를 빨래 널듯이 걸어줍니다. 휴지가 물에 닿아서 물이 타고 올라와야 가습 효과가 있습니다. 그런데 물이 타고 올라오면서 바깥쪽에 물이 흘러나올 수 있으니까 반드시 쟁반을 받쳐놔야 합니다. 물은 마실 수 있는 깨끗한 물을 사용하고 휴지도 될 수 있으면 무형광 휴지가 좋습니다. 휴지보다는 키친타월이 더 잘됩니다. 이렇게 해서 머리맡에 두고 자면 실내습도가 20~30%는 올라갑니다.

혼자 알기 아까운 나만의 천연 가습기 만드는 법 알려주세요!

6326 기막힌 천연가습기 신고합니다. 방에 세숫대야를 놓고 물 반 정도 담습니다. 페트병 세우고 젖은 수건 덮어놓으면 절대 수건이 마르지 않고 천연, 무공해, 무에너지 가습기가 됩니다.

7069 전 가습을 위해 집에 어항 3개를 두고 있습니다.

뜨끈뜨끈 천연 핫팩 만들기

매서운 한파에 핫팩 하나 있으면 참 좋습니다. 내복을 입으면 체감온도가 2℃, 목도리를 하면 3℃ 그리고 주머니에 핫팩 하나 있으면 5℃가량 올라간다고 합니다. 그런데 시중에 파는 핫팩은 화학물질이 들어있어 손에 쥐고 다니기가 걱정되곤 합니다. 한 번 쓰고 버려서 환경에도 안 좋을 것 같습니다. 그래서 준비했습니다. 애들이 잡아 뜯어도 걱정 없고 환경에도 좋은 천연 핫팩 만들기!

천연 핫팩은 여러 가지 재료로 만들 수 있습니다. 먼저, 콩 핫팩이 있습니다. 메주콩, 팥, 현미 등 집에 있는 곡물이면 다 됩니다. 우선 핫팩 주머니를 만들어야 합니다. 한번 만들어두면 반영구적으로 쓸 수 있어 좋습니다. 그런데 만들기 귀찮다면 작아진 양말이나 짝 잃어버린 양말을 사용해도 됩니다. 주머니를 만들 때는 될 수 있으면 순면재

양말 콩 핫팩 만들기

1. 콩과 양말 준비하기

2. 양말에 콩 넣기

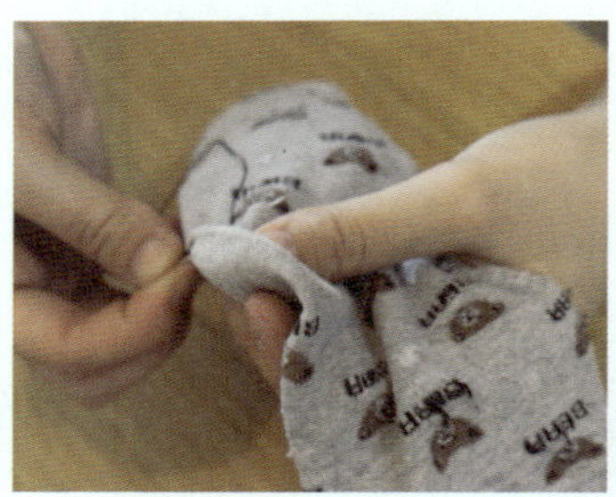

3. 입구 실로 꿰매기

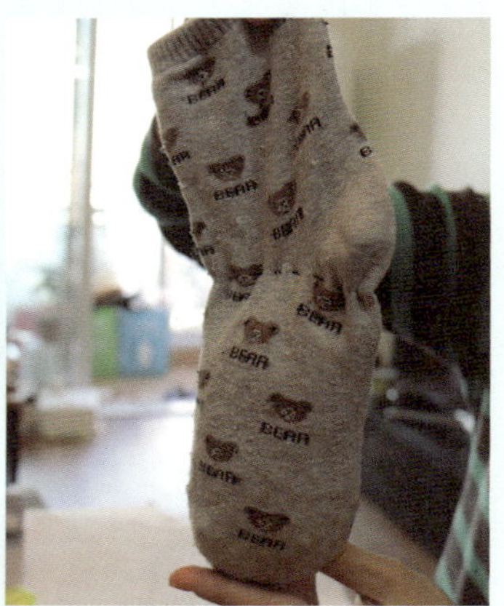

4. 꿰맨 양말 확인하기

5. 전자레인지에 돌려주기

질이 좋습니다.

안 쓰는 수건을 이용한다면 수건을 적당히 잘라서 반으로 접고 양쪽 끝을 박음질합니다. 그리고 콩을 가득 넣습니다. 이 작업은 아이들과 함께 놀이로 하면 좋습니다. 콩을 다 넣고 나서는 나머지 한 면 입구를 다시 박음질해줍니다. 조금 크게 만들면 어깨나 허리 찜질하는 찜질팩으로도 활용할 수 있습니다. 크기가 크면 콩이 한쪽으로만 우르르 쏠릴 수 있으므로 중간에 누빔을 해줍니다.

양말로 만든다면 양말에 콩을 다 넣고 입구 부분만 박음질하면 됩니다. 또 티셔츠 이용해서 돌돌 말아 콩을 넣고 양쪽 팔 부분을 사탕 모양으로 묶어주면 모양도 예쁜 핫팩이 됩니다.

완성되면 전자레인지에 1분 30초 정도 데워서 사용하면 됩니다. 온기는 한 시간 정도 지속합니다. 그런데 너무 오래 사용하면 콩이나 팥에 수분이 모두 사라져 전자레인지에 돌리다 탈 수도 있다고 하니 2년 정도만 사용하고 내용물을 갈아주는 것이 좋습니다.

귤껍질로도 천연 핫팩을 만들 수 있습니다. 귤껍질은 고분자 섬유질이 다량으로 함유되어있어서 따뜻함을 유지할 수 있습니다. 귤껍질로 천연 핫팩을 만들기 위해서는 우선, 귤껍질 여러 개를 일회용 비닐봉지에 넣거나 랩으로 돌돌 싸줍니다. 주머니에 쏙 들어갈 정도 크기로 만들어줍니다.

그리고 전자레인지에 40~50초 정도 돌리면 됩니다. 꺼낼 때 뜨거우므로 주의해야 합니다. 이것을 다시 팩 주머니나 양말에 넣고 사용하면 됩니다. 콩과 마찬가지로 한 시간 정도는 따뜻함이 유지됩니다. 아이들 등굣길이나 출근길에 주머니에 넣어주면 좋습니다.

혼자 알기 아까운 나만의 천연 핫팩 만드는 법 알려주세요!

9151 저희 아이들이 전자레인지에 너무 돌려서 불날 뻔했네요. 너무 돌리지 마세요!

이만원인 현미 넣어서 1분 30초 돌리니까 딱 좋아요. 곡물 자체에서 수분이 나와 타지도 않고 딱 좋네요. 현미가 고소한 냄새도 나고 제일 좋아요.

안귀향 생리통에도 아주 좋답니다. 우린 오래전부터 팥 주머니 만들어서 배에 올려놓고 있어요.

집에서 대파 키우기

요리할 때 없으면 제일 맘이 다급해지는 것이 바로 파입니다. 파 없는 라면, 파 없는 설렁탕, 파 없는 파전은 상상만 해도 맛이 없습니다. 그런 파를 집에서 간단하게 키워서 먹는 방법이 있습니다. 아주 쉽거든요. 집에서 대파 키우는 방법 알려드리겠습니다.

먼저 시장에서 싱싱한 대파를 삽니다. 대파 뿌리에 흙이 묻어있어야 합니다. 씻지 않고 대파 뿌리 부분을 잘라줍니다. 뿌리부터 4~5cm 정도 남겨 자르고 나머지 윗부분은 잘 씻어서 냉장고나 냉동실에 보관합니다. 아랫부분은 뿌리째 그대로 화분에 심어줍니다. 플라스틱 그릇에 흙을 담아 사용해도 괜찮습니다. 페트병을 잘라 아랫부분에 흙을 담아서 사용해도 되고 테이크아웃 커피 컵을 재활용해도 됩니다. 그리고 아이스크림 케이크를 사면 담아주는 스티로폼 상자를 활용해도 됩니다. 그냥 짱짱한 검정 비닐봉지에 흙을 담아서 사용해도 괜찮습니다. 물 빠지는 구멍을 꼭 뚫어줄 필요도 없습니다.

흙에 파 뿌리가 잠길 만큼 깊숙이 듬성듬성 심기만 하면 됩니다. 그리고 물을 주는데 자주 줄 필요는 없고 생각날 때마다 간간이 주면 됩니다. 물만 주면 끝입니다. 하루만 지나도 밑동에서 싹이 나기 시작합니다. 햇볕을 많이 받으면 더 잘 자라지만 그늘에서도 자랍니다.

이대로 2주 정도를 두면 처음 사 왔을 때만큼 훌쩍 자라서 먹을 수 있습니다. 쪽파는 2주 정도 대파는 한 달쯤 걸립니다.

파가 이렇게 잘라도 다시 자라는 것은 줄기세포가 아주 풍부해서 재생능력이 뛰어나기 때문입니다. 식물들은 뿌리나 줄기 일부만으로도 다시 자라는 영양생식을 합니다. 파도 영양생식을 하므로 다시 키울 수 있는 것입니다. 하지만 저장된 영양소는 어느 정도 한계가 있으므로 다시 키워 먹는 것도 두세 번 정도만 하는 것이 좋습니다. 두세 번까지는 처음 영양소와 크게 차이가 없다고 합니다. 다만 처음보다는 굵기가 조금 얇아집니다.

흙에 심는 것이 번거롭다면 그냥 그릇에 물을 넣고 담가두어도 괜찮습니다. 그런데 너무 푹 담가놓으면 물에 닿는 줄기 부분이 썩을 수 있으니 뿌리만 살짝 닿도록 담가야 합니다. 그릇 아래쪽에 자갈을 깔고 물을 넣어 담가도 좋습니다. 그런데 수경재배를 하면 흙에서 자란

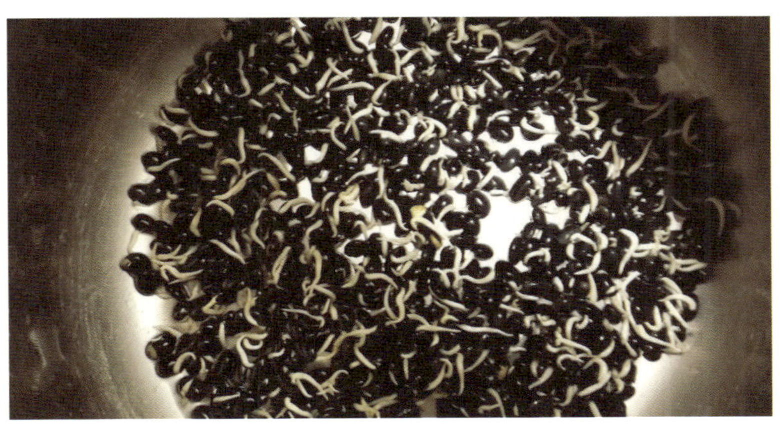

주전자 콩나물 재배

것보다는 색이 연하고 덜 싱싱합니다. 집에서 키우는 채소는 파뿐만 아니라 미나리도 같은 방법으로 재배할 수 있습니다.

콩나물도 집에서 키울 수 있습니다. 집에 있는 주전자로 콩나물 키우는 방법입니다. 콩은 크기가 작은 소립종의 콩이면 됩니다. 약콩, 오리알태콩, 백태콩 등을 사용하면 되고 발아가 잘 안 되는 묵은 콩은 피하는 것이 좋습니다.

500㎖짜리 작은 주전자는 종이컵 기준으로 1/4컵 정도, 2㎖짜리 주전자는 종이컵 한 컵 정도의 콩을 준비합니다. 먼저 콩을 6시간 정도 물에 불립니다. 주전자에 불린 콩을 넣고 하루에 두세 번씩 물을 줍니다. 그래야 잔뿌리가 덜 생깁니다. 뚜껑을 열고 물을 주고 주전자

에 물이 남아 있지 않도록 모두 다 따라버립니다. 수돗물을 받아놓고 몇 시간 후에 주면 더 좋습니다.

서늘한 곳에서 빛이 들어가지 않게 물만 주고 뚜껑을 바로 닫아야 합니다. 또 주전자가 너무 세게 흔들리지 않게 주의합니다. 하루만 지나면 싹이 나고 5~7일 정도가 지나면 수확할 수 있습니다.

발아 현미도 집에서 키울 수 있습니다. 발아 현미는 왕겨를 벗겨 낸 현미를 적당한 수분, 적당한 온도에서 싹을 틔운 걸 말합니다. 무엇보다 영양소가 풍부하고 식감이 부드러워서 남녀노소 섭취할 수 있습니다.

일반 현미로 발아 현미를 만드려면 일단 현미를 여러 번 씻어서 7시간 정도 물에 불립니다. 불리고 나서 채반에 놓고 아래에 그릇 하나를 깔아줍니다. 그리고 수분이 마르지 않도록 깨끗한 행주를 적셔서 덮어주면 됩니다.

하루에 두 번, 아침저녁으로 물을 주고 행주로 한 번씩 헹궈서 덮어줍니다. 이틀 정도 지나면 싹이 움트는 것이 보입니다. 발아 현미는 싹이 1mm~1.5mm 정도 됐을 때가 가장 영양이 풍부하므로 이 정도 자랐다 싶으면 물로 가볍게 씻고 물기를 충분히 빼서 냉장고에 넣습니다.

미리 만들어서 냉동실에 얼려놓고 먹거나 김치냉장고에 넣고 먹습니다. 묵은 현미를 사용하면 실패할 확률이 높으므로 햇현미를 사용해

 뒤를 캐는 여자

야 합니다. 그리고 발아 현미로 밥 지을 때는 평소보다 물을 적게 합니다. 식초를 두어 방울 넣어주면 특유의 냄새가 나지 않아 좋습니다.

뒤를 캐는 여러분

혼자 알기 아까운 나만의 대파 키우기 방법 알려주세요

신정균의폐백이야기 검정비닐봉지에 신문지를 두껍게 깔고, 사온 대파를 그대로 넣습니다. 가끔가다 신문지 마르지 않게 물만 조금씩 넣으셔도 됩니다.

늘푸른소나무 전 옛날에 쓰던 아이스박스에 흙을 넣고 심어서 먹고 있어요. 아이스박스가 크고 깊이가 있으니 아주 좋아요!!

YunKate 이 방법은 추워지기 시작하는 가을부터 초봄까지 파를 저장해두고 먹는 방법입니다. 4~5cm 깊이로 심어서 흙 위로 1~2cm만 남기고 잘라먹어도 11월 정도부터 2월 말까지는 자라는 대로 계속해서 먹을 수 있지요.

주리 하루살이 많이 생김. 흙은 부엌 한쪽 서늘한 곳에서 물병에 수경으로 하는 게 위생적이에요. 몇 번 실패 후 터득. 설거지하면서 하루에 한 번씩 물 갈아주기!

3

이것 알면,
진짜 살림 고수!

엄마와 함께하는 신나는 과학놀이

아이들 눈높이에 맞는 아주 간단한 원리만 알아도 엄마는 마법사가 되고 아이들은 신기해서 탄성을 지릅니다. 집에 있는 재료들로 간단하게 신나는 과학 놀이가 가능하거든요. 엄마가 직접 하면 애들이 무척 좋아하니까 아이들 방학 때 집에서 꼭 한번 해주세요. 방학을 맞은 아이들을 위해 물놀이보다 더 뜻깊은 흥미와 재미를 줄 방법 알려드리겠습니다.

첫 번째 과학실험은 화산폭발입니다. 먼저 화산을 만들고 그다음에 폭발을 해주면 됩니다. 화산 만들기 준비물은 밀가루 두 컵, 물 두 컵, 소금 한 컵, 식용유 두 숟가락 그리고 요구르트 병이나 작은 물병을 준비합니다. 재료들을 다 섞어서 반죽을 해주고 반죽에다 갈색이나 빨간색 등 물감을 섞어줍니다. 그리고 물통을 가운데에 놓고 반죽으로 물통을 감싸면서 화산 모양을 만들어줍니다.

폭발은 베이킹소다와 식초가 있어야 합니다. 화산폭발이니까 식초에 빨간색 물감이나 체리가루를 넣어주면 좋습니다. 물병 안에 베이킹소다를 넉넉히 넣어주고 빨간 식초를 넣어주면 부글부글 용암이 끓어 넘치면서 화산폭발 모습을 볼 수 있습니다.

화산폭발은 알칼리성인 베이킹소다와 산성인 식초가 만나 중화되면서 거품이 생기는 원리를 이용한 것입니다. 중화되면서 강력한 세척력도 가지기 때문에 청소할 때도 이 원리를 종종 활용합니다. 실험하기 전에 아이들과 화산 관련한 동화책을 함께 읽어보면 더 좋습니다. 그리고 중화반응이 일어나면서 이산화탄소가 발생하는데 이때 풍선을 부풀게 할 수도 있습니다.

또 다른 과학실험은 마법의 손가락 놀이입니다. 재료는 넓적한 접시, 후춧가루 그리고 주방 세제입니다. 그릇에 물을 담고 후춧가루를 물 위에 뿌립니다. 그리고 아이 손가락 끝에 주방 세제를 살짝 묻혀주고 후춧가루 위에 살짝 갖다 대도록 합니다. 손가락을 대기 전에 아이에게 후춧가루가 어떤 모양으로 변할지 물어보면서 이야기를 나누는 것도 좋습니다.

표면장력이 큰 물에 후춧가루를 뿌리면 가루가 물 위에 떠오르는데 이때 주방용 세제를 넣으면 물 분자 간의 인력을 약화해서 표면장력을 낮춰줍니다. 손가락을 대자마자 마법처럼 후춧가루가 확 흩어

화산폭발 과학실험

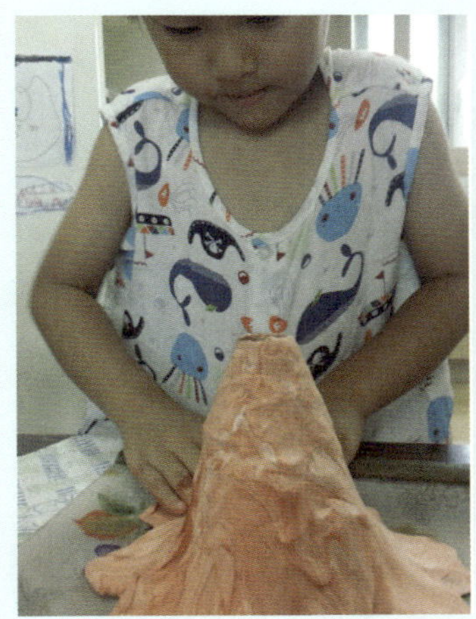

1. 재료를 섞은 반죽으로 물통을 감싸기

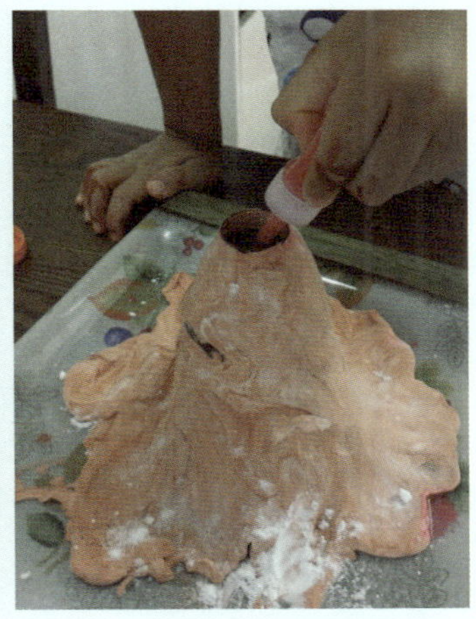

2. 베이킹소다와 식초, 빨간색 물감을 넣기

3. 용암이 끓어 넘치는 모습

4. 화산폭발 모습

마법의 손가락 놀이

1. 접시에 물과 후춧가루 넣기

2. 손가락에 주방 세제 묻혀 고춧가루 위에 대기

3. 흩어진 고춧가루

지면서 가라앉게 됩니다.

부엌에서 할 수 있는 과학놀이도 있습니다. 검은콩 한 줌을 뜨거운 물에 불리면 물이 검푸르게 변합니다. 이 물을 하나는 식초가 담긴 유리컵에 또 다른 하나는 비눗물이 담긴 유리컵에 떨어뜨립니다. 그러면 산성인 식초는 붉은색으로, 염기성인 비눗물은 보라색으로 변합니다.

또 붓에 오렌지 주스를 찍어서 흰 도화지에 글씨를 써보는 것도 좋습니다. 종이가 마르면 글씨가 안 보여 비밀편지가 됩니다. 이것을 다리미로 다리면 서서히 글씨가 나타납니다. 아이보고 글씨를 쓰라고 하고 엄마가 내용을 맞히면 재밌습니다.

지긋지긋한 새 가구 증후군 극복하기

새 가구 샀다고 기분 좋을 때는 결제했을 때죠. 집에 오면 새 가구 냄새 때문에 골치가 아프더라고요. 새 가구 증후군을 극복하는 방법 알려드리겠습니다.

가구에는 등급이 있습니다. 흔히 원목 가구라고 표현하지만, 솔리드라 불리는 통 원목으로 만드는 경우는 많지 않습니다. 대부분 MDF, PB라고 불리는 합판재질을 사용하고 있습니다. 통 원목이 아니라 작은 나무 조각을 분쇄하고 잘게 쪼개서 섬유질을 뽑아내고 여기에 접착제를 넣어서 압축해 만듭니다. 솔리드 원목 재질은 시간이 지나면 나무가 틀어지고 변형이 올 수 있습니다. 반면에 합판재질은 만들 때 오차범위도 적고 디자인이나 실용적인 면에서도 장점이 많아 가구에 많이 사용합니다.

그런데 합판재질을 만들 때 사용하는 접착제들이 문제입니다. 접착제에서 1급 발암물질인 포름알데히드가 방출되기 때문에 냄새도 심하고 머리도 아픕니다. 또 아토피나 각종 피부질환을 일으키기도 합니다.

접착제 등급에 따라 가구 등급을 매기고 있는데 포름알데히드가 가장 적게 나오는 슈퍼EO 등급부터 EO, E1, E2 네 가지 등급이 있고 등급에 따라 가격 차이도 크게 납니다. 유럽에서 E2는 실내 사용을 금지하고 있고, 우리나라도 4년 전부터 사용 제한을 하고 있습니다. 하지만 여전히 알게 모르게 E2 등급으로 가구를 많이 만들어서 문제입니다.

그렇다면 새 가구 증후군을 없애는 방법은 무엇일까요? 우선, 가구가 집에 도착했을 때 마른 헝겊에 소주를 묻혀서 마구 닦아줍니다. 가구에 따라 칠이 벗겨질 수도 있으니 눈에 잘 띄지 않는 곳에 테스트를 해보고 닦아주어야 합니다. 소주 대신 식초를 이용해도 됩니다. 그러고 나서 환기를 해줍니다.

국립환경과학원에서는 가장 중요한 것이 환기라고 합니다. 하루 3번, 30분씩 환기를 해주는 330을 기억하면 좋습니다. 한두 달은 문과 서랍을 모두 열고 빼내서 통풍해야 합니다.

그리고 숯과 커피 찌꺼기를 곳곳에 넣어둡니다. 넣기 전에 먼저 신문지를 서랍 안, 옷장 안 등 깔 수 있는 곳은 다 깔고 그 위에 커피 찌꺼기를 올려둡니다. 숯은 한지로 잘 감싸서 서랍 안쪽, 옷장 안쪽 그리고 가구 근처에 신문지를 깔고 놓습니다. 커피 찌꺼기는 잘 말리지 않으면 곰팡이가 필 수 있으므로 일단 햇볕에 바싹 말립니다. 그리고 육수 만들 때 쓰는 국물 팩에 넣어 곳곳에 둡니다. 커피가 은근히 냄새를 잘 잡아줍니다. 이렇게 해도 냄새 제거가 안 된다면 사과를 반으로 잘라서 넣어둡니다. 이때 사과를 자주 교체해야 합니다. 방에 양초를 켜놓아도 좋습니다.

혼자 알기 아까운 나만의 새 가구 증후군 퇴치법 알려주세요!

2333 가구 냄새는 양파를 잘라두면 효과 있어요.
8425 신문지를 깔고 양파를 썰어서 하룻밤 재우세요. 서랍 모두 열고… 짱입니다.

골치 아픈 발 냄새 제대로 뿌리 뽑기

과거 네덜란드에서는 대학도서관에서 발 냄새를 풍긴 남성에게 우리 돈으로 약 29만 원의 벌금형을 선고한 적도 있다고 합니다. 이것을 보면 발 냄새가 우리나라에만 있는 고민은 아닌듯합니다. 발 냄새가 심해도 남들에게 고민을 털어놓기 힘든데요. 발 냄새 퇴치법 뒤를 캐보겠습니다.

심한 발 냄새를 호소하는 사람들의 발바닥에서 미크로코쿠스 세덴타리우스라 불리는 박테리아가 나왔다고 합니다. 보통의 발 냄새는 무좀곰팡이가 원인이지만 아주 심한 발 냄새는 이 세균이 주된 원인입니다. 이것은 발바닥 각질 성분을 먹고 사는 세균인데 발바닥에 미세한 분화구를 만들면서 화학물질을 만들어 냅니다. 이때 심한 발 냄새가 납니다.

이 세균은 습하고 약간의 염분이 있을 때, 즉 땀이 많이 날 때 활발하게 증식합니다. 하지만 단순히 땀이 많이 난다고 발 냄새가 심한 것은 아닙니다. 몸에서 발생하는 이소발레릭산이라는 화학성분이 있는데, 이게 얼마나 큰 휘발성이 있는가에 따라 냄새의 정도가 달라집니다.

발 냄새를 제거하는 방법은 여러 가지가 있는데 그중 하나가 녹차입니다. 녹차 물에 발을 10분 정도 담그면 각질 제거 하는 데 좋고 발의 피로가 풀리면서 미백 효과도 있습니다. 이것을 매일 저녁 10분씩 꾸준히 하면 발 냄새 제거 효과를 볼 수 있습니다. 쓰고 난 티백은 잘 말려서 신발에 넣으면 신발 냄새 제거하는 데도 좋습니다.

그런데 발 냄새가 유독 심한 사람은 한 가지 방법만으로는 발 냄새 퇴치가 어렵습니다. 여러 방법을 다 같이 쓰는 것이 좋습니다. 일단 식초 하나를 욕실에 둡니다. 그러고 나서 발 씻고 마지막 헹굴 때 물에 식초를 몇 방울 섞습니다. 식초 물로 마지막에 헹궈주는데 이렇게 씻어도 의외로 식초 냄새가 나지 않습니다. 이런 방법으로 될 수 있으면 발을 자주 씻어줍니다. 피부과 전문의들은 항균비누를 권합니다. 살균제가 포함된 비누는 시중에서 1,000원 안팎이면 살 수 있습니다. 항균비누를 꾸준히 사용하면 효과가 더욱 크다고 합니다.

그리고 발가락 사이 특히 네 번째, 다섯 번째 발가락 사이는 다른 곳보다 좁아서 통풍이 안 되고 땀도 많이 나며 무좀이 가장 잘 생긴다고 합니다. 그래서 발을 씻고 난 뒤 헤어드라이어로 발가락 사이사이를 잘 말려주면 좋습니다. 그리고 땀을 잘 흡수하는 면양말을 한두 개 더 들고 외출합니다. 그리고 틈틈이 갈아 신어서 발을 늘 보송보송하게 해주는 것이 좋습니다.

신발도 두세 가지 신발을 여벌로 두고 하루씩 번갈아 신는 것이 좋습니다. 사무실에서는 슬리퍼로 갈아 신어주면 더 좋습니다. 또 알코올이나 커피, 홍차, 콜라 같은 카페인이 들어간 음료는 혈액순환을 촉진해서 땀을 오히려 많이 나게 할 수 있으니 피하는 것이 좋습니다. 뜨겁고 매운 음식도 땀을 많이 나게 하므로 되도록 줄이는 것이 좋습니다.

혼자 알기 아까운 나만의 발 냄새 퇴치법 알려주세요!

행복한정리수납강사 EM 발효액으로 족욕을 하면 무좀도 낫게 하고 발 냄새도 없애줍니다.

신정균의폐백이야기 청바지 천을 발 모양으로 자른 후 신발 밑창에 깔아 신으면 발 냄새 제거에는 최고입니다. 이것처럼 효과 좋은 것이 없습니다.

이*옥 베이킹소다를 신발 안에 아주 조금 넣으면 신기할 만큼 냄새가 사라져요.

5052 예전 십 원짜리 동전을 신발 한쪽에 하나씩 넣고 다니면 어느 정도 효과가 있더라고요.

8365 베이킹파우더 안돼요!! 베이킹소다가 최고입니다. 흥건하게 젖은 발도 절대 냄새 안 납니다.

알아두면 유용한 캠핑 비법

휴가철에 캠핑을 떠나는 사람들이 많습니다. 그런데 캠핑에 필요한 장비들이 참 많습니다. 남들처럼 장비를 사다 보면, 펜션에서 숙박하는 것보다 비용이 더 듭니다. 그래서 지갑을 얇게 만들었던 사악한 가격의 캠핑용품 대신, 창의적으로 만들어 쓰는 캠핑용품 몇 가지 알려드립니다.

먼저 휴지걸이입니다. 휴지는 캠핑할 때 많이 사용합니다. 그런데 밖에서 쓰다 보면 바닥에 굴러다니거나 테이블에 두더라도 이것저것 묻고, 자고 일어나보면 축축해져 있습니다. 휴지걸이는 사려면 1~2만 원쯤 듭니다. 이 비용을 아끼려면 철로 된 세탁소용 옷걸이를 이용하여 직접 만드는 것입

옷걸이로 만든 휴지걸이

니다. 세탁소용 옷걸이는 두 가지 종류가 있는데 철사에 칠을 한 옷걸이는 구부리면 칠이 떨어져 나가므로 비닐코팅이 된 옷걸이가 좋습니다.

먼저 옷걸이를 쭉 잡아당겨 일자를 만들고 그 일자를 다시 디귿으로 만들어 휴지를 끼우면 됩니다. 아니면 옷걸이 모양 그대로 삼각형의 아랫부분을 가위로 잘라주고 폭을 좁혀서 휴지를 끼워줘도 됩니다. 여기에 리본이나 노끈을 돌돌 묶어주면 예뻐서 감성캠핑에도 한몫합니다.

세탁소용 옷걸이는 수건걸이로도 사용할 수 있고, 둥근 모양으로 만들어서 비닐봉지를 걸면 간이 쓰레기통으로도 활용할 수 있습니다. 나뭇가지와 텐트 줄에 묶어서 랜턴으로, 응급 모기향 걸이로도 사용할 수 있습니다.

또 아이스박스는 차량수납의 대부분 공간을 차지하고 있습니다. 그래서 공간을 잘 활용해야 합니다. 아이스박스는 될 수 있으면 꽉 채워주는 게 냉기가 오래가므로 아이스팩 대신 2ℓ 생수를 얼려 넣으면 차가운 물 마셔서 좋고 부피도 줄여서 좋습니다. 생수병 얼릴 때 될 수 있으면 일주일 이상 얼려놓아야 냉기가 오래갑니다. 또한, 아이스박스는 그냥 땅 위에 두면 지열 때문에 쉽게 녹으므로 의자를 사용해서 지면에서 높고 그늘진 곳에 보관하는 게 좋습니다.

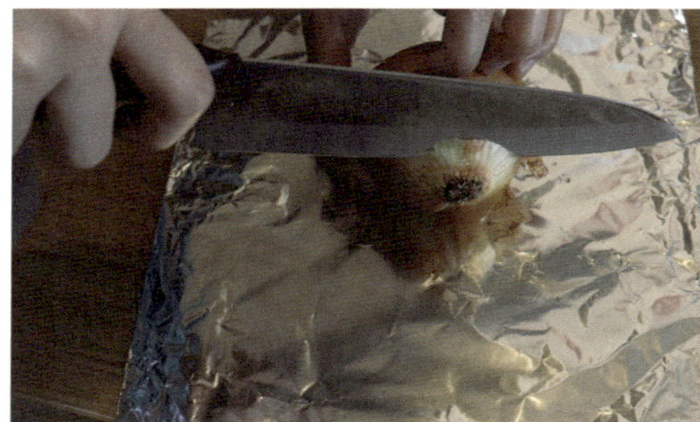

쿠킹포일 냄비뚜껑

쿠킹포일 간이도마

　쿠킹포일은 바비큐 할 때 말고도 프라이팬이나 냄비 뚜껑으로 사용하면 좋습니다. 포일로 덮어두면 검댕이가 붙지 않고 정리할 때 좋습니다. 판이나 테이블 위에 펼쳐서 간이 도마로도 사용할 수 있습니다. 또 바비큐 할 때 스토브 석탄 아래 깔아두면 정리가 편합니다.

　넓은 테이프도 유용합니다. 테이블에 쓰레기봉투를 붙여놓기도 하고 잡아당겨서 끈으로 사용하기도 합니다. 구멍을 막거나 작은 쓰레기를 모으거나 텐트 청소할 때도 유용합니다.

그리고 캠핑 장 볼 때 마트에 있는 종이상자 챙겨 가면 여러모로 활용도가 좋습니다. 안에 쓰레기봉투를 넣고 간이 휴지통으로 사용해도 되고 음식물 쓰레기용, 깡통용으로 분리해서 써도 뒷정리가 깔끔하고 편합니다. 텐트 아래 깔아두면 바닥 한기를 막아주고 울퉁불퉁한 것도 없애줍니다. 바비큐 할 때 태워도 좋습니다.

신문지도 여러 가지로 사용할 수 있습니다. 걸레처럼 사용하기도 하고 바비큐 한 후 기름 닦는 데도 사용합니다. 젖은 신발 안에 끼워 넣어주면 빨리 마르고 좋습니다. 불 피울 다른 수단이 없을 때 불쏘시개가 되기도 합니다.

큰 쓰레기봉투는 비가 왔을 때 얼굴 부분을 커터칼로 잘라서 우비로 사용할 수 있습니다. 물통이 모자라거나 없다면 물을 담는 데 사용해도 좋습니다. 캠핑 마치고 여러 가지 남는 용품을 모아 담을 수도 있습니다.

그리고 콘서트, 축제에서 노래 부르면서 흔드는 야광봉이 있으면 좋습니다. 해가 지고 나면 텐트와 타프, 로프가 잘 보이지 않아서 발이 걸려 구르는 일이 자주 있습니다. 로프 아래쪽에 야광봉을 테이프로 고정해두면 넘어지는 일 없이 안심입니다.

빨래 집게도 조금 챙겨 가면 타프와 텐트 로프에 젖은 물건을 말리는 데 좋습니다. 우유 통이나 투명한 병에 물을 채우고 헤드 랜턴을 씌워주면 굉장히 밝고 멋진 조명을 만들 수 있습니다. 통조림 캔 윗부분을 여러 등분으로 잘라서 넓게 펴준 후 쿠킹포일로 덮어서 돌을 깔아주면 훌륭한 미니 화로가 됩니다.

요리하거나 식사할 때 벌레가 몰려들면 난감합니다. 그때 2~3m 떨어진 곳에 랜턴 하나를 더 밝게 켜두면 랜턴으로 벌레가 몰려서 벌레를 어느 정도 피할 수 있습니다. 긴 바지, 긴 소매 옷을 입고 벌레퇴치용 팔찌나 패치를 부착하는 것도 하나의 방법입니다. 향이 진한 화장품이나 향수는 사용하지 않는 게 좋습니다. 또 모기를 포함한 벌레들이 계피 냄새를 싫어하므로 계핏가루나 계피 나무 조각을 챙겨가는 것도 하나의 방법입니다.

마지막으로 냄비 밥 맛있게 만드는 법입니다. 냄비 밥을 집 밥처럼 맛있게 만들기가 쉽지는 않습니다. 코펠에 밥을 해야 한다면 코펠 크기는 큰 것이 좋습니다. 쌀을 씻고 불리는데 백미는 최소 30분 현미나 콩밥은 최소 1시간을 불려야 합니다. 물은 평소보다 많이, 손을 펴고 손등 위에 2/3 정도까지 차오르게 물을 붓습니다.

처음부터 센 불로 하면 밥이 탈 확률이 높으므로 중간불로 밥을 시작하고 밥물이 끓으면 불을 꺼서 3분 정도 기다렸다가 약한 불로 15분 정도 뜸을 들입니다. 만약 밥이 설익었다면 주걱으로 밥을 골고루 섞어서 손으로 적당히 물을 뿌려주고 약한 불로 10분 더 뜸을 들이면 됩니다.

밥이 너무 질게 됐다면 주걱으로 밥을 섞고 약한 불로 5분 가열합니다. 30초는 센 불로 탄내가 살짝 날 때까지 끓여주면 윗부분은 알맞게 밥이 됩니다. 마지막에 물 넣고 끓여서 누룽지를 하면 마지막까지 맛있게 먹을 수 있습니다.

안 나오는 볼펜 나오게 하는 법

가끔 볼펜을 사면 오래된 것도 아닌데 안 나오는 경우가 종종 있습니다. 학창시절 선생님이 갑자기 시험문제를 집어주는데 볼펜이 갑자기 안 나와 당황했던 적이 있지 않나요? 노트가 찢어지도록 그어 봐도 안 나오는 볼펜이 있습니다. 이럴 때를 위해서 준비했습니다. 볼펜 안 나올 때 나오게 하는 방법 하나하나 알려 드리겠습니다.

볼펜이 나오지 않아서 볼펜 심을 꺼내보면 잉크는 많이 남아있는데 잉크 중간이 붕 떠 있는 경우가 있습니다. 온도가 상승하면서 압력도 함께 상승해서 팽창하기 때문에 잉크가 밀려났기 때문입니다. 이럴 때는 보통 심 뒤쪽을 입에 물고 얼굴 빨개지도록 붑니다. 그런데 그렇게 힘들게 하지않고 해결하는 방법이 있습니다. 우선, 비닐봉지 하나를 준비합니다.

볼펜 나오게 하는 법

볼펜과 봉지로 쥐불놀이하기

볼펜 볼 불로 데우기

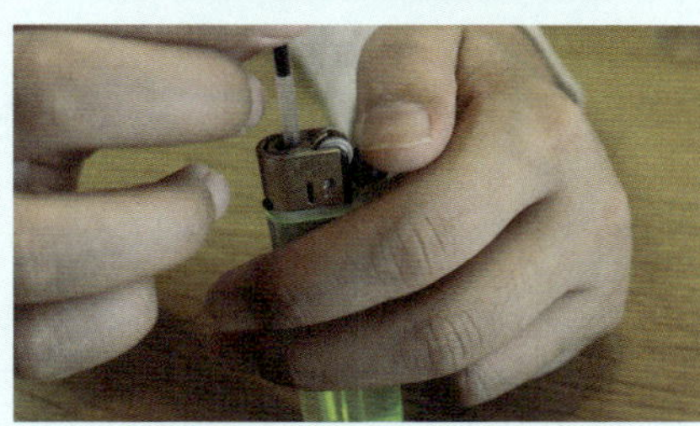

볼펜 잉크 라이터 가스로
밀어내기

잘 나오는 볼펜

그리고 봉지 안에 안 나오는 볼펜을 넣고 쥐불놀이하는 것처럼 뱅뱅 돌려줍니다. 이때 볼펜 머리 부분을 아래쪽으로 해서 돌려야 합니다. 거꾸로 돌리면 더 안 나올 수 있습니다. 단순한 방법이지만 원심력에 의해서 잉크가 제자리를 찾아가는 원리입니다.

다른 방법은 라이터가 필요합니다. 볼펜 심을 분리해서 뒷부분을 라이터 가스 나오는 구멍에 정확히 꽂아주고 가스를 살짝 나오게 합니다. 그러면 라이터 가스의 압력으로 잉크들이 제자리를 찾습니다.

볼펜 볼 부분 잉크가 굳으면서 볼펜이 안 나오는 경우도 있습니다. 이럴 때는 라이터로 볼펜의 볼을 살짝 데워줍니다. 3초 정도만 살짝 데우면 잘 써집니다. 그런데 너무 오래 지지면 볼펜 심이 녹아버릴 수 있으니 조심해야 합니다.

또 한 가지 방법은 볼펜 머리 부분을 뜨거운 물에 잠깐 담갔다가 바로 찬물에 담가서 식히는 것입니다. 그다음에 단단한 종이를 놓고 볼펜을 수직으로 잡고 써봅니다. 뜨거운 물에 볼펜을 넣을 때는 머리 볼 부분만 담그고 플라스틱으로 된 부분에 물이 들어가지 않도록 주의해야 합니다.

평소에 볼펜을 보관할 때 볼펜 뚜껑이 있다면 사용 후에 바로 끼워야 합니다. 연필꽂이에 둘 때 머리 부분이 아래로 향하게 두면 잉크가 안 나오는 것을 예방할 수 있습니다.

그리고 또 한 가지, 급할 때 전화번호나 간단한 메모를 손바닥에 적는 경우가 있습니다. 손바닥에 적은 볼펜 자국은 비눗물에도 쉽게 잘 지워지지 않습니다. 이 때 문구용 물풀을 볼펜 자국에 바르고 반쯤 마르면 손으로 문지릅니다. 그러면 볼펜의 잉크 성분이 풀에 접착되면서 함께 떨어져 나옵니다. 딱풀도 같은 효과를 볼 수 있지만, 물풀이 더 잘 지워집니다. 문구용 물풀은 독성이 없어서 인체에 해가 되지 않습니다.

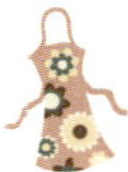

혼자 알기 아까운 나만의 안 나오는 볼펜 나오게 하는 법 알려주세요!

류＊현 운동화 밑창 고무 부분에 볼펜 촉을 대여섯 번 정도 문질러도 웬만하면 잘 나와요.

0324 바늘 없는 주사기로 볼펜 심에 강한 압력을 넣어줘도 잉크가 밀려 내려가 사용할 수 있습니다.

6326 가죽에다 밀어보세요. 기막히게 나와요.

난방비 알뜰하게 아끼기

겨울이 되면 난방비 폭탄 걱정이 앞섭니다. 겨울에는 한 달 난방비를 최소 10만 원 이상 내야 합니다. 비용이 부담스럽다고 무작정 보일러 끄고 이불만 뒤집어쓰고 지낼 수는 없습니다. 그래서 적게 쓰고 따뜻하게 지낼 수 있는 생활 속 난방비 절약 방법을 알려드리겠습니다.

난방비는 걱정되는데 집에서는 얇은 티셔츠와 반바지 차림으로 지내는 분들이 있습니다. 그러나 에너지관리공단에서 권장하는 겨울철 적정 실내온도는 18~20°C입니다. 실내온도를 1°C 낮추면 난방비 7%, 3°C 낮추면 20%를 줄일 수 있습니다.

난방비를 절약하려면 외출할 때 보일러를 끄면 안 됩니다. 껐다가 다시 켜면 내려갔던 온도를 다시 끌어 올려야 하므로 많은 연료가 소모됩니다. 그리고 동파위험도 커집니다. 외출할 때는 외출모드로 틀어놓거나 보일러 가동이 안 되도록 2~3℃ 낮추면 됩니다.

또 보일러 배관을 살펴보는 게 좋습니다. 설치한지 오래된 배관은 청소를 하는 것도 난방비 절약에 도움이 됩니다. 청소는 2~3년에 한번 정도가 적당합니다. 배관을 청소하기 쉽지 않은데 일단 보일러를 켠 상태에서 분배기의 에어밴드를 열고 공기와 녹물을 빼주면 됩니다. 배관 청소만 잘해도 아파트는 20%, 단독주택은 30%까지 난방비를 줄일 수 있습니다. 또 집 안이 훨씬 따뜻해지는 걸 느낄 수 있습니다.

요즘에는 베란다 확장한 집이 많습니다. 이중창이라고 해도 찬기가 들어오는 것은 막을 수 없는데, 단열용 에어캡을 붙이면 실내 온도를 2~3℃ 높일 수 있습니다. 요즘은 단열용 에어캡이 예쁘게 나와서 붙여도 흉하지 않습니다. 최근에는 실내온도를 4~8℃나 올릴 수 있는 단열시트로 나와 인기입니다.

단열용 에어캡을 붙일 때는 먼저 유리창 크기에 맞게 잘라줍니다. 유리창에 분무기로 물을 살짝 뿌리고, 올록볼록한 면이 유리창에 닿도록 붙입니다. 물에 샴푸나 세제를 살짝 섞어서 뿌리면 더 잘 붙습니다. 또 문틈에 스펀지로 된 문풍지를 사다가 붙이면 창틀로 들어오는 찬바람을 잡을 수 있습니다.

철물점에 파는 수도관이나 파이프 보온제를 반으로 잘라, 볼록한 원통부분이 위로 향하게 한 후 창틀 밑 부분에 끼워놓으면 효과가 더 좋습니다. 그리고 실내 온기 생각한다면 블라인드보다는 커튼이 좋습니다.

난방비 절약하는 또 다른 방법은 내복을 입는 것입니다. 체감 온도가 내복을 입으면 3℃, 양말이나 덧신을 신으면 0.6℃, 가디건과 스웨터를 입으면 2.2℃, 무릎 담요를 덮으면 2.5℃ 올라갑니다. 또 목에 수건을 두르면 3~4℃가 올라갑니다.

덧붙여 보일러 돌릴 때 가습기를 함께 틀면 실내온도가 훨씬 빠르게 올라가고, 햇빛 드는 창가에 은박 돗자리를 깔아주면 빛이 반사되어서 실내온도를 2~3℃ 올려 줄 수 있습니다.

혼자 알기 아까운 나만의 난방비 절약법 알려주세요!

4680 방안에 방한 텐트치고 자면 완전 따뜻해요. 저희 애들은 땀 흘리며 잡니다.

휴가철에도 화분에 물을 주자

휴가철에 산으로 바다로 떠나는 분들이 많습니다. 그런데 여행을 떠나기 전 하나 걸리는 게 바로 발코니와 거실의 식물들입니다. 휴가 후에도 정성껏 키운 꽃, 나무와 반갑게 상봉할 방법이 있습니다. 지금부터 알려드리겠습니다.

휴가 때 두고 떠나기 가장 걱정되는 초록 식물은 물을 좋아합니다. 스파티필룸이나 아이비처럼 잎이 얇고 물을 좋아하는 식물에 물을 주는 방법은 여러 가지입니다. 먼저 페트병을 이용하는 방법이 있습니다. 페트병 뚜껑에 송곳으로 구멍을 2~3개 내줍니다. 그리고 병에 물을 90% 채우고 뚜껑을 닫아서 화분에 꽂아줍니다. 꽂을 때는 비스듬히 꽂아 주는 것이 좋습니다. 이렇게 하면 자동 급수 장치가 완성됩니다. 또 다른 방법은 수건이나 행주를 이용합니다. 수건을 적당한 길이로 잘라서 역할을 하게 합니다. 화분보다 약간 높은 곳에 양동이나 그 릇을 두고 여기에 물을 채웁니다. 그리고 수건을 양동이와 화분 사이에 걸칩니다. 그러면 양동이의 물이 화분 쪽으로 이동하면서 조금씩 물이 공급됩니다.

아니면 수건을 대바늘에 꿰어서 화분 아래 구멍에서 위로 통과시킵니다. 그리고 수건의 다른 쪽 끝을 물통에 담가두면 되는데 이건 뿌리가 물을 흡수해서 식물 전체에 퍼지게 하는 식물의 모세관 현상을 이용하는 것입니다. 실제로 농가에서 이용하는 방법인데 2주 정도는 충분히 견딜 수 있다고 합니다.

작은 화분일 때는 수건을 싱크대에 펼쳐놓고 수건 위에 화분을 올려놓습니다. 그리고 싱크대 안에 물통을 하나 두고 수건 한쪽 끝을 물통에 담가두면 됩니다. 사무실 책상에 있는 작은 화분이라면 양동이와 수건 대신에 컵과 화장지를 이용하면 됩니다. 또 다른 방법으로는 화분에 물을 흠뻑 한번 주고 화분 받침이나 대야에 물을 넣은 후 여기에 화분을 담가서 뿌리가 아래에서 위로 물을 서서히 빨아들이게 하는 방법도 있습니다.

그리고 비교적 물을 좋아하지는 않는 다육식물이나 선인장이라면 신문지에 물을 적셔서 욕조 바닥에 겹쳐 깔고 그 위에 화분을 올려 두는 것도 좋은 방법입니다. 물의 양은 화분 크기별로 조절하면 됩니다.

그런데 같은 크기라도 위아래로 긴 화분은 물을 적게, 입구가 넓은 화분은 더 많이 주는 것이 좋습니다. 그리고 되도록 창문을 열고 통풍이 잘되게 해주는 게 좋습니다. 장기간 집을 비우면서 창문을 활짝 열고 갈 수 없다면 발코니 바깥쪽 창문은 닫더라도 거실과 통하는 안쪽 창문은 모두 열고 실내의 모든 문과 창문을 열어둡니다. 공기가 실내에서라도 충분히 순환하게 하는 게 좋습니다. 식물은 반그늘에 두고 물을 흠뻑 주고 떠나면 됩니다.

얼룩 없이 뒤를 캐는 여자

1

섬유마다
세탁 법은 달라

청바지 제대로 세탁하기

청바지는 141년 전 미국 캘리포니아 금광 광부들의 작업복에서 시작해 이제는 누구나 한 벌 이상은 가지고 있는 베스트 아이템입니다. 청바지로 유명한 한 업체의 CEO는 자신의 청바지를 1년간 세탁하지 않았다고 말해 모두를 놀라게 했습니다. 그는 얼룩이 생기면 그곳만 소량의 세제를 이용해서 없앤다며 청바지를 세탁기에 빠는 것은 절대 하지 말라고 조언했는데요. 냄새 나는 바지를 그대로 입을 수도 옷장에 그냥 넣어둘 수도 없지요. 세탁이 불가피한데 물 빠짐과 변형을 최소화하는 세탁하는 방법이 있습니다. 청바지 세탁법 시원하게 뒤를 캐드리겠습니다.

세탁하는 방법

❶ 우선 세탁라벨을 꼼꼼히 살펴봐야 합니다. 청바지 안쪽에 붙어있는 라벨에 세탁법이 표기되어 있는데 그 방법대로 하는 게 기본입니다.

❷ 본 모습을 최대한 유지하기 위해서 지퍼와 단추를 모두 채우고, 주머니 속도 비워줍니다.

❸ 청바지를 뒤집은 후 세탁하는 것이 핵심!

❹ 정량보다 적은 양의 중성세제를 찬물에 풀고 청바지를 넣은 후 손으로 비비지 말고 조물조물 빨아줍니다.

❺ 중성세제는 물에 풀지 않고 오염된 곳에만 살짝 묻혀서 빨아주는 것이 좋습니다. 여기에 소금을 조금 섞어주면 색상과 워싱이 변형되는 것을 막아줍니다.

❻ 세탁시간은 5~10분 정도로 최대한 짧게 합니다.

❼ 찬물로 잘 헹궈서 비틀어 짜지 말고 가볍게 탈탈 털어줍니다.

❽ 건조할 때는 거꾸로 매달아서 건조해야 모양이 틀어지는 것을 막을 수 있습니다. 물이 뚝뚝 떨어지므로 아래 수건이나 대야를 받치는 것이 좋습니다.

❾ 햇볕에 말리면 마른미역처럼 뻣뻣해집니다. 이때는 샤워를 막 끝낸 욕실에 잠깐 걸어두면 습기를 머금으면서 한층 부드러워집니다.

❿ 보관할 때는 바지 걸이에 걸거나 접어 두는 것보다 돌돌 말아서 보관하는 것이 좋습니다.

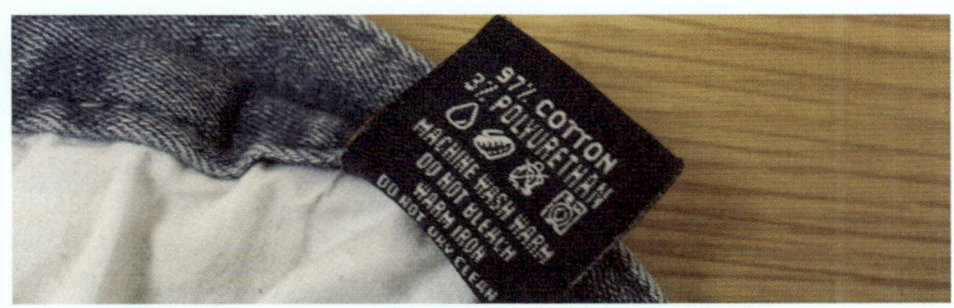

1. 세탁라벨 살펴보기

2. 지퍼와 단추 채우기

3. 청바지 뒤집기

4. 중성세제 물에 풀기

5. 소금 넣기

6. 조물조물 빨아주기

7. 거꾸로 매달아 건조하기

청바지는 워싱할 때 들어가는 약품이나 워싱 방법 때문에 기름 냄새가 날 수 있습니다. 이때 물과 소금의 비율을 10:1로 해서 하루 정도 청바지를 담가주면 기름 냄새도 제거되고 삼투압작용으로 바지 물이 빠지는 것도 줄일 수 있습니다. 그리고 다른 냄새가 날 때는 신문지에 바지를 둘둘 말아서 냉동실에 넣어두면 섬유탈취제 사용한 것보다 냄새 빼는 데 훨씬 효과가 있습니다. 다만 냉동실에 냄새나는 것이 있으면 오히려 그 냄새가 밸 수 있으므로 피하는 게 좋고, 땀 냄새 등 찌든 냄새는 몇 시간 지나면 다시 돌아오니까 그럴 땐 세탁하는 것이 좋습니다.

무릎 나온 청바지를 원상태로 되돌리는 방법은 소킹입니다. 욕조에 60°C 정도의 뜨거운 물을 받고 청바지를 넣습니다. 바깥으로 나오는 부분이 없게 하고 1시간 정도를 놔두었다가 꺼내서 말려주면 처음만큼은 아니더라도 어느 정도 줄어든 청바지를 확인할 수 있습니다.

혼자 알기 아까운 나만의 청바지 세탁법 알려주세요!

7931 청바지 찌든 때는 소금물로 세탁하면 말끔히 지워집니다. 색상은 그대로 입니다.

0101 뒤집어서 세탁합니다.

3년 동안 새 교복처럼

새 학기가 시작되면 엄마들의 큰 관심사는 교복이라고 해도 과언이 아닙니다. 교복은 한번 사면 3년간 입어야 하기 때문에 관리를 잘해야 3년 내내 깔끔한 교복을 입을 수 있기 때문이지요. 청소년들은 활동량이 많아서 땀과 각종 오염물질이 배기 쉽거든요. 한 연구팀이 발표한 자료에 따르면 학생들의 교복에는 화장실 변기보다 82배나 많은 세균이 서식하고 있다고 합니다. 교복 세탁법 확인해서 위생적으로 관리해주세요.

교복 재킷과 셔츠, 블라우스 등은 소재에 따라 세탁법이 조금씩 다릅니다. 또 브랜드 따라 섬유 가공처리가 달라서 교복 안쪽에 달린 라벨을 보고 세탁방법을 확인하는 것이 좋습니다.

교복 재킷은 주로 모와 폴리에스터 혼방으로 되어있습니다. 모는 보온성이 뛰어나고 굉장히 따뜻하지만, 마모에 약하기 때문에 폴리에스터를 혼방해 놓은 것입니다. 라벨을 봤을 때 모의 혼방비율이 80% 이상이라면 드라이클리닝 맡기는 게 좋습니다. 드라이클리닝하고 나서는 비닐 커버를 벗겨 보관합니다.

교복 바지나 치마, 블라우스와 셔츠 모두 중성세제로 세탁하면 됩니다. 중성세제로 세탁하면 변형과 변색을 방지해서 새 옷 느낌을 좀 더 오래 보존할 수 있습니다. pH6~8 정도의 중성세제를 이용하면 되고, 이왕이면 손세탁해주는 게 좋습니다. 먼저 때가 탄 부분이나 얼룩이 있는 부분에 세제를 살짝 묻혀서 부드러운 솔이나 손으로 살살 비벼줍니다. 그리고 큰 대야에 30°C 정도의 미지근한 물을 담고 여기에 중성세제를 풀어주어 교복을 담가둡니다. 5분 후, 조물조물 빨아주고 나서 미지근한 물로 여러 번 헹궈주면 됩니다. 마무리로 섬유유연제 대신 식초를 살짝 넣어서 헹구면 좋습니다.

만약 손빨래 대신 세탁기를 이용한다면, 지퍼나 단추는 모두 채우고 옷이 뒤틀리지 않게 세탁 망에 넣어서 돌리면 됩니다. 울 코스로 돌리거나 세탁 강도를 약으로 해서 미지근한 물로 세탁해줍니다.

넥타이나 리본 같은 교복 액세서리도 세탁이 필요합니다. 심지가 들어가 있는 넥타이는 드라이클리닝하고 심지가 없으면 중성세제를 푼 미지근한 물에 담가 칫솔로 살살 문질러 때를 제거합니다. 그대로 물기를 빼고 깨끗한 수건으로 눌러가면서 물기를 없애고 건조하면 됩니다.

교복은 모 섬유로 구성되어 있습니다. 모 섬유에는 표면에 잔털이 많습니다. 교복을 계속 입다 보면 잔털이 닳거나 납작해져서 번들거려 보입니다. 이것이 바로 교복 엉덩이와 팔꿈치 부분이 번들거리는 이유입니다. 식초 물로 한번 헹궈주면 섬유에 탄력이 생기면서 번들거림이 줄어듭니다.

또 교복 바지나 치마는 다림질을 잘못해서 섬유가 열에 녹아 번들거릴 수 있습니다. 페트병을 열 가까이에 두면 쭈그러지는 것과 같은 원리입니다. 반드시 천을 덧대고 다림질을 해야 녹는 것을 방지할 수 있습니다.

혼자 알기 아까운 나만의 교복 세탁법 알려주세요!

4055 애벌빨래 할 때 양파망에 고체 비누 넣어 세탁하면 옷감 손상이 덜하답니다.

드라이클리닝은 패딩의 보온성을 떨어뜨려요!

겨울이 되면 오리털점퍼를 입습니다. 그런데 아이들이 깨끗하게 입지 않으니 일주일에 한번은 세탁을 해야 합니다. 세탁소에 맡기면 가격도 만만치 않습니다. 그래서 오리털 패딩을 집에서 간단하게 세탁하는 방법을 알려 드겠습니다.

다운점퍼는 드라이클리닝 해야 한다고 생각하는 이들이 적지 않습니다. 그런데 드라이클리닝은 올바른 패딩 세탁법이 아닙니다. 충전재나 옷감이 상할 수 있기 때문에 드라이클리닝보다는 물세탁이 더 좋습니다.

한 실험 결과를 보면, 오리털 패딩의 보온성을 100이라고 했을 때 물세탁 후 보온성이 99정도로 변화가 거의 없었습니다. 그런데 드라이클리닝을 하니까 88정도로 보온성이 꽤 떨어졌습니다. 오리털에는 머리카락처럼 기름기가 포함돼있는데 드라이클리닝을 하면 기름기가 줄어듭니다. 기름기가 적어지면 털끼리 부딪히면서 손상되기 때문에 들어가 있던 공기도 줄어들게 되고, 결국 보온성이 많이 떨어집니다.

보통 드라이클리닝보다는 물세탁이 더 좋지만 겉감의 소재나 형태에 따라 물세탁이 안 되는 경우도 있습니다. 때문에 세탁하기 전에는 반드시 옷 안쪽에 있는 라벨을 확인하고 세탁을 해야 합니다.

대부분 물 온도 30℃에 중성세제를 이용해서 약하게 손세탁하라고 적혀있습니다. 미지근한 물에 중성세제나 아웃도어 전용세제를 이용하면 됩니다. 그리고 다른 옷과 섞지 말고 단독 세탁해주는 게 좋습니다.

세탁하는 방법

❶ 점퍼의 지퍼를 끝까지 채웁니다.
❷ 때가 묻기 쉬운 손목이나 목 부분은 중성세제를 살짝 묻혀서 애벌빨래를 합니다.
❸ 대야에 30℃ 정도의 미지근한 물을 담고 울 삼푸를 풀어줍니다. 울 삼푸가 없으면 중성세제를 이용합니다.

❹ 점퍼를 세제 물에 넣고 가볍게 누르면서 세탁해줍니다. 너무 강하게 문지르면 손상되기 쉬우므로 누르면서 씻어줍니다.

❺ 세제가 없어질 때까지 충분히 헹군 다음 세탁기에 넣어서 약하게 탈수를 돌립니다. 약 2분정도만 돌리면 됩니다. 세제가 완전히 제거되지 않으면 유분이 떨어지므로 헹굼은 충분히 헹궈줍니다.

❻ 건조할 때는 걸어서 말리면 털이 아래쪽으로 쏠리므로 뉘여서 말립니다. 다 말랐을 때는 페트병을 이용해서 탁탁 두드려줍니다. 그래야 내부 털이 골고루 균형 잡히고 공기층도 다시 살아납니다.

패딩을 보관할 때는 솜이 눌리거나 한쪽으로 쏠리지 않게 보관하는 게 좋습니다. 옷장 옷걸이에 걸어놓으면 아래쪽으로만 솜이 쏠릴 수 있으므로 접어서 보관합니다. 부피가 크다고 압축해서 보관하면 보온력이 떨어질 수 있으므로 공기를 머금고 있는 상태로 보관합니다. 그리고 이미 숨이 많이 죽었을 때는 패딩 주머니마다 테니스공을 넣고 세탁기 안에도 테니스공 여러 개를 넣어 물 없이 돌려주면 공기층이 다시 살아납니다.

운동화 세탁 완전정복

깨끗하게 빨아서 뽀송뽀송 말린 운동화를 신으면 기분까지 상쾌해져 폴짝 뛰고 싶습니다. 그런데 운동화를 세탁기에 넣어 빨자니 찝찝하고 그렇다고 손으로 빨자니 때가 쉽게 안 빠집니다. 전문점에 맡기자니 번거롭고 시간도 오래 걸리고 비용도 만만치 않습니다. 그래서 더러워진 운동화를 집에서 손쉽게 세탁법 뒤를 캐왔습니다.

일반 대야에서 운동화를 빨면 물을 많이 쓰고 신발이 둥둥 떠서 담그기 힘듭니다. 하지만 지퍼백이나 일회용 비닐봉지를 이용해 운동화를 빨면 그런 걱정이 사라집니다. 크기가 작은 아이들 운동화는 지퍼백에, 어른 운동화는 큰 일회용 비닐봉지를 이용합니다.

일단 지퍼백에 뜨거운 물을 반 정도 넣습니다. 넣을 때 뜨거우니까 조심합니다. 그다음 세제를 넣어줍니다. 이때 세제만 넣어도 되지만

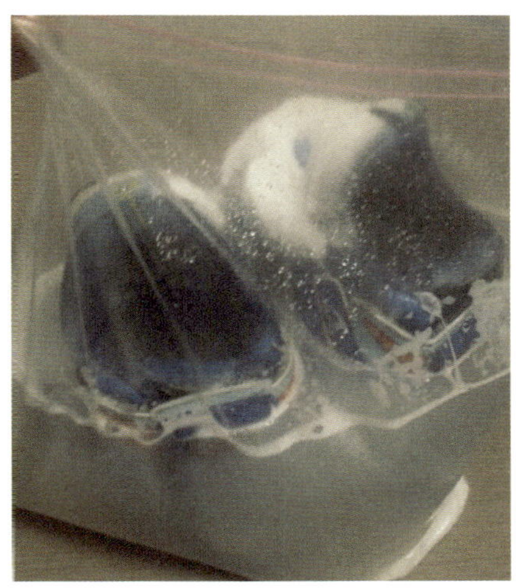

세제 한 숟가락에 베이킹소다와 과탄산소다도 한 숟가락씩 넣으면 표백 효과도 볼 수 있고 때도 더 잘 지워집니다. 여기에 운동화를 넣고 지퍼를 닫아주면 됩니다. 일회용 비닐봉지는 위를 묶어줍니다.

그리고 흔들어줍니다. 지퍼백은 안 새고 튼튼한 편인데, 혹시 모르니 욕실에서 작업합니다. 흔들어 주고 나서 흰 운동화는 1시간, 그 외 운동화는 20~30분 불려줍니다. 그러고 나서 솔이나 칫솔로 문질러 주면 때가 싹 벗겨집니다. 그리고 헹궈서 말려주기만 하면 끝입니다.

이 방법은 일반 흰색운동화나 면 소재의 캔버스 운동화를 세탁하기에 적당합니다. 일반 면 소재의 운동화여도 스웨이드나 가죽을 덧

댄 운동화가 있는데, 스웨이드나 가죽에는 물이 닿으면 절대 안 됩니다. 특히 스웨이드는 물이 닿으면 딱딱해지면서 까맣게 변색합니다. 그래서 스웨이드 소재의 운동화는 칫솔로 그때그때 결 방향으로 먼지를 털어줍니다. 고어텍스 운동화는 부드러운 천이나 스펀지에 중성세제를 묻혀서 살살 문지르면 됩니다. 합성피혁이나 에나멜 소재 운동화도 물에 세제를 풀어서 살짝 묻혀 닦아주거나 상한 우유 또는 클렌징 크림으로 닦아줍니다.

어그 부츠, 세심하게 세척하기

추워지면서 어그부츠 꺼내 신은 분들 많을 텐데요. 어그 부츠가 따뜻해서 좋은데 관리가 쉽지 않습니다. 어그부츠 관리법 알려드리겠습니다.

양털 부츠라고도 불리는 어그부츠의 외피는 스웨이드재질이고 안쪽은 양털입니다. 스웨이드 재질은 쉽게 오염이 되고 물에 약해서 물세탁이 어렵습니다. 그래서 무엇보다 평소 관리가 중요합니다.

어그부츠를 신었으면 집에 들어와서는 바로 구둣솔이나 칫솔을 이용해서 먼지를 털어주는데 결 방향으로 싹싹 털면 먼지가 잘 제거됩니다. 그때그때 먼지를 털어주는 게 가장 좋은 방법입니다.

그리고 마트나 신발 가게에서 살 수 있는 방수스프레이를 평소에 어그부츠나 스웨이드 재질 신발에 뿌리면 비나 눈 때문에 신발이 망가지는 것을 방지할 수 있습니다. 그리고 비나 눈이 오는 날 어그부츠를 신었다면 집에 돌아온 후 마른 수건으로 물기를 뺀 후 변형을 방지하기 위해 신문지를 넣어 그늘에서 2~3일 바짝 말려야 합니다.

때가 묻은 어그부츠는 어그부츠 전용 클리너를 이용해서 지우면 됩니다. 스펀지에 물을 묻혀서 반절 정도 물기를 짜고 클리너를 조금 묻혀서 오염된 부분에 톡톡 발라줍니다. 두세 번 반복해서 발라주고 깨끗한 헝겊으로 닦으면 때가 제거됩니다. 전용 클리너가 없으면 집에서 사용하던 지우개를 이용해서 오염을 깨끗이 지워줍니다.

스웨이드 재질이나 양털 재질 모두 물에 취약해서 물빨래가 쉽지는 않습니다. 하지만 신발값 3~4만 원 주고 세탁하기에는 부담이 많으니 집에서 세탁할 때는 찬물로 빨리 세탁해야합니다.

세탁하는 순서

❶ 대야에 찬물을 받고 홈 드라이클리닝 세제나 울 샴푸를 풀어줍니다. 세제는 아주 조금만 풀어줘도 됩니다.

❷ 여기에 어그부츠를 적시고 솔로 겉, 밑창 그리고 속에 털을 문질러서 닦아줍니다.

❸ 세제 거품이 다 빠져나갈 때까지 충분히 헹궈줍니다.

거품에 적신 어그부츠

신문지를 넣어 건조하기

❹ 그다음 아까 그 대야에 찬물을 받고 식초를 살짝 섞어줍니다. 식초는 냄새
와 세균 제거에 좋고 양털을 부드럽게 하는 섬유유연제 역할을 해줍니다.
여기에 두세 번 정도 적셔줍니다.

❺ 마지막으로 어그부츠를 세탁기에 넣고 탈수합니다. 물기만 살짝 없애줄 정
도로 하면 됩니다.

❻ 그리고 그늘에 말려 건조하는데 안쪽은 잘 안 마르므로 신문지를 구겨 넣습
니다. 이렇게 하면 모양이 변형되는 것을 막아줍니다.

이 방법 외에도 상한우유와 구연산을 이용하는 방법이 있습니다.
물에 우유를 넣고 구연산을 풀어줍니다. 구연산 대신 식초를 이용해
도 됩니다. 이 물에 어그부츠를 세탁합니다. 우유가 기름때를 녹이고
탈색을 막습니다. 구연산의 산성 성분도 오염물질을 제거하는 원리

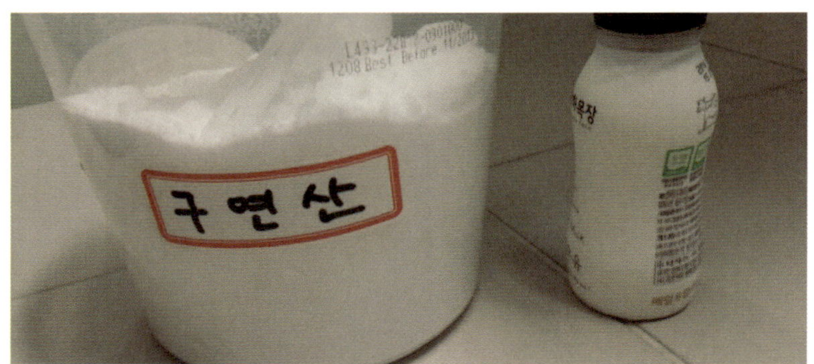

상한우유와 구연산을 사용하여 어그부츠 세탁하기

입니다. 울 샴푸로 했을 때는 때가 잘 제거되는데 색이 조금 빠집니다. 그런데 우유와 구연산은 변색이 없습니다. 오염도에 따라서 두 가지 방법을 선택하면 됩니다.

혼자 알기 아까운 나만의 어그부츠 세탁법 알려주세요!

5081 어그부츠는 파란색 수세미로 살살 털어내면 오염까지 지워져요.
9810 찬물에 우유 넣고 구연산 넣으면 색도 안 빠지고 오래 신을 수 있습니다.

2

이럴 땐 어떻게 세탁하지?

과일 물이 든 흰옷 얼룩빼기

아이 이유식으로 과일을 먹이기 시작하면 그때부터는 옷 세탁하기 바쁩니다. 아이에게 턱받이를 해줘도 벗어던져서 소용이 없을 때가 많습니다. 그래서 이 시기 옷은 물려주고 싶어도 얼룩 때문에 물려주지 못합니다. 그런데 세탁만 깨끗이 하면 동생의 동생까지도 물려줄 수 있습니다. 과일 물이 든 옷 세탁하는 방법 알려드리겠습니다.

아이들 이유식으로 과일을 먹이면 옷에 물이 드는데 사과와 포도 그리고 감 물이 들었을 때가 가장 지우기 어렵습니다. 딸기도 보라색으로 물들어 잘 지워지지 않습니다. 상대적으로 수박이나 키위는 금방 지워집니다.

일단 과일 물이 들었다면 응급처치가 가장 중요합니다. 과일에 들어있는 식물성 색소는 의류를 염색하는 성질이 있습니다. 그래서 먼

과일 물이 든 흰옷 얼룩빼기

1. 과일 물이 든 흰옷

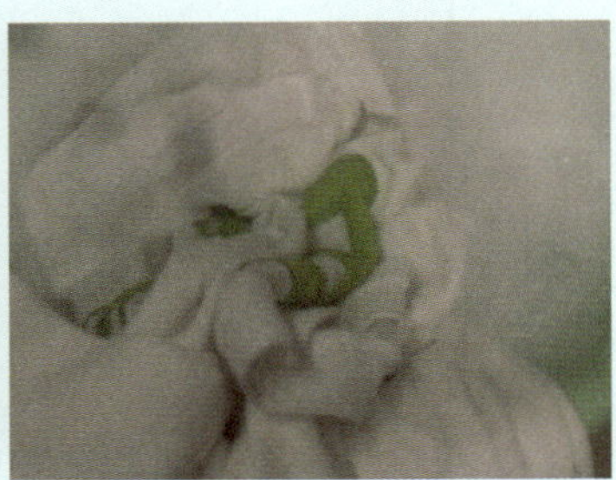

2. 과탄산소다를 넣은 물에 빨기

저 근처에 있는 휴지나 물티슈로 최대한 빨리 흡수해야 합니다. 휴지보다는 물티슈가 좋습니다. 한 장을 얼룩 밑에 대고 다른 한 장으로 윗면을 살살 눌러주면서 닦아줍니다.

옷에 흡수가 벌써 됐다면 바로 빨아야 하는데 집에서는 빨랫비누, 외출 중이라면 그냥 비누라도 살짝 묻히고 물로 헹궈줍니다. 이렇게 바로 닦아주면 대부분 얼룩이 남지 않습니다. 그런데 바로바로 빨기가 생각보다 쉽지 않습니다. 그럴 땐 과탄산소다를 사용하면 됩니다.

과탄산소다는 산소계 표백제로 물과 만나면 부글부글 산소가 발생합니다. 화학적인 잔여물은 전혀 남기지 않고 세탁을 도와줍니다. 피부에 자극을 주는 형광증백제가 들어있지 않아 아기 옷에는 과탄산소다를 쓰는 게 좋습니다. 대형마트에서 대부분 판매하고 인터넷으로 사면 훨씬 싸게 구매할 수 있습니다.

세탁할 때는 과일 물이 든 옷을 과탄산소다에 담가주기만 하면 됩니다. 많은 양을 따뜻한 물에 풀어서 하루 정도 푹 담가 다음날 조물조물 빨아서 세탁기에 한번 돌리면 과일 물이 지워져 있을 것입니다. 특히 다 말랐을 때 확실히 깨끗해졌다는 것을 느낄 수 있습니다. 그런데 만약 과탄산을 옷에 직접 뿌려놓으면 얼룩은 얼룩대로 남고 과탄산이 닿은 부분은 누렇게 변색할 수 있습니다. 꼭 물에 희석해서 담가야 합니다.

이 방법으로 꽤 오래된 과일 물도 잘 지워지긴 하지만 얼룩진 지 몇 년이 됐고, 여러 번 세탁과 건조를 반복했다면 과일 물 빼기가 더 어렵습니다. 이럴 때는 주방 세제와 식초를 1:1 비율로 넣고 얼룩진 부분을 30분 이상 담가둡니다. 중간에 한 번씩 조물조물 빨아주고 따뜻한 물로 헹궈서 세탁기에 돌려주면 10개 중 8개는 지워집니다.

옷에 밴 고기 냄새 빠르게 제거하기

회식 후 옷에 고기 냄새가 배었을 때 참 난감합니다. 세탁하고 하루밖에 안 입은 옷을 다시 빨자니 아깝고, 그렇다고 냄새 제거를 안 할 수도 없습니다. 그럴 때 옷에 밴 고기 냄새를 쉽고 빠르게 제거하는 방법이 있습니다.

가장 간편하게 많이 사용하는 게 섬유탈취제입니다. 한 실험에서는 옷 세 벌을 준비해서 하나는 바람 잘 통하는 베란다에 두고, 하나는 섬유탈취제를 뿌리고 또 하나는 헤어드라이어로 바람을 쐬어줬습니다. 결과는 헤어드라이어가 가장 냄새를 잘 제거했습니다.

베란다에 둔 니트는 한 시간이 지나니까 절반 정도의 냄새가 사라졌고 탈취제를 뿌린 것은 순간적으로는 냄새가 줄었지만 다시 냄새가 올라오는 현상이 나타났다고 합니다. 그리고 5분 정도 헤어드라

고기 냄새 밴 외투

이어로 바람을 쐰 옷의 냄새가 가장 많이 제거됐다고 합니다. 냄새 물질은 휘발성인데, 헤어드라이어는 열을 가해서 휘발시키고 강한 바람으로 날려주어서 냄새를 가장 빠르게 제거할 수 있는 것입니다.

내일 외출할 때 입을 옷이라면 헤어드라이어 바람만 쐬어주는 것보다 수증기와 헤어드라이어를 함께 이용하는 게 더 좋습니다. 냄새

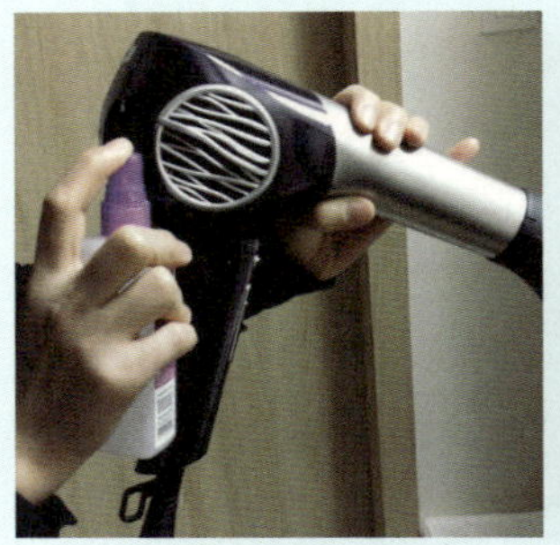

1. 헤어드라이어에 향수 뿌리기　　　2. 헤어드라이어로 고기 냄새 빼기

밴 옷을 습기 찬 욕실에 한 시간 정도 걸어둔 다음에 헤어드라이어 바람을 쐬줍니다. 그러면 수증기가 냄새 분자를 감싸 안고 날아가면서 냄새를 함께 뽑아냅니다.

급할 때는 스팀다리미를 이용하거나 옷 안쪽에 분무기를 뿌리고 헤어드라이어 바람을 쐬어줘도 좋습니다. 바람 쐬어줄 때는 목둘레나 소매에 헤어드라이기를 넣어서 찬바람으로 5분 정도 뱅뱅 돌리면 됩니다. 그다음 더운 바람으로도 안쪽, 바깥쪽 번갈아가면서 바람을 쐬어줍니다. 헤어드라이어 뒷면, 바람들어가는 구멍에 향수를 살짝 뿌리면 향기까지 납니다.

냄새 제거하는 것만큼 냄새가 배지 않게 예방하는 것도 중요합니다. 식당에 가면 옷을 옷걸이에 걸지 않고 옷을 뒤집어 바닥에 두는 것이 좋습니다. 안감은 주로 합성섬유로 만들어졌기 때문에 냄새를 덜 흡수합니다.

그리고 작은 섬유탈취제 하나를 가방에 넣고 다니다가 식당에서 나오면서 바로 뿌려주는 것도 좋습니다. 탈취제도 뿌린 후에 냄새 입자가 증발하는 과정이 중요하므로 미리 뿌리고 바람을 쐬면 냄새가 닿이 없어집니다.

덧붙여 회식 후 지각 대신 떡이 된 머리를 선택하는 분들에게 유용한 응급 대처법을 알려드리겠습니다. 드라이 샴푸를 이용해도 되지만 없으면 파우더를 이용하면 됩니다. 베이비파우더나 메이크업 파우더를 손에 약간 덜어서 두피에 솔솔 뿌리고 손으로 대충 마사지해 줍니다. 그리고 머리를 꼼꼼히 빗어 털어냅니다. 그럼 베이비파우더가 두피에 분비되어있던 유분을 빨아들여 머릿결이 보송보송해집니다. 또 앞머리만 살짝 비누로 감아주는 것도 효과가 있습니다.

묻은 염색약 깨끗하게 지우기

집에서 염색하다가 염색약 한두 방울을 방바닥에 떨어뜨렸는데, 바로 닦아도 시커멓게 물든 염색약이 지워지지 않을 때가 있습니다. 또 윗도리 목 부분에 묻은 염색약도 쉽게 지워지지 않습니다. 지금부터 염색약 잘 지우는 방법 알려드리겠습니다.

머리카락을 크게 확대하여 보면 모표피라고 부르는 생선 비늘같이 생긴 층이 하나 있습니다. 이것은 케라틴으로 구성되어 있고 아래쪽에는 5~8겹의 껍질이 말려있는 형태입니다. 염색은 바로 이 구조를 이용합니다. 먼저 머리카락을 부풀려서 비늘이 들뜨게 하고 그다음에 머리카락 내부에 있는 멜라닌 색소를 하얗게 탈색한 후 색깔을 내는 염료들이 그 자리를 메웁니다. 염색약을 바르고 기다리는 이유가 멜라닌이 탈색되고 염료가 자리를 잡을 수 있도록 시간을 주는 것입니다. 흰머리는 이미 멜라닌 색소가 없는 상태여서 탈색과정은 필요 없습니다.

스스로 염색하는 경우, 할 때 잘 몰랐는데 하고 나면 여기저기 염색약이 묻어있습니다. 먼저 바닥에 염색약이 묻었을 때는 락스를 이용합니다. 락스와 키친타월을 준비합니다. 키친타월을 얼룩진 부분에 맞게 적당히 잘라서 락스를 흠뻑 적시고 염색약 묻은 곳에 최소 한 시간 이상 둡니다. 단, 광택이 있는 장판에서는 이 방법을 사용하면 안 됩니다.

이렇게 하면 대부분은 제거되지만, 염색약 종류에 따라, 묻은 지 얼마나 지났느냐에 따라 지워지지 않는 경우도 있습니다. 락스로 지워지지 않았다면 차선책으로 미용 재료 상가에서 파는 염색약 전용 리무버를 사용합니다.

수건이나 옷에 염색약이 묻었을 때는 한번 묻으면 바로 흡수되는 성질 때문에 오랜 시간이 지나면 말끔히 지워지기 어렵습니다. 그래서 발견 즉시 바로바로 지워주는 게 중요합니다. 지우는 방법으로는 물파스가 가장 좋습니다.

물이 닿지 않은 상태에서 물파스를 얼룩진 부분에 묻혀서 비비고 다시 세탁비누로 조물조물 빨아줍니다. 그래도 없어지지 않는다면 과탄산소다를 녹인 미지근한 물에 두세 시간 정도 담가둡니다.

그래도 지워지지 않는다면 다시 마른 상태에서 식초나 헤어스프레이를 이용해봅니다. 식초나 헤어스프레이를 얼룩진 부분에 묻히고 칫솔로 살살 문지른 후 바로 세탁비누로 조물조물 빨아주면 소생시킬 수 있습니다.

섬유소재는 락스를 이용하면 옷이 전체적으로 탈색할 수 있으므로 락스는 피하고 염색할 때 미리 세탁소용 큰 비닐을 쓰고 시작하는 게 가장 좋습니다.

그리고 염색하기 48시간 전에 염색약을 팔 안쪽에 묻혀보아야 합니다. 이때 피부에 이상이 생기면 염색하지 말아야 합니다. 체질에 따라 피부 가려움이나 피부염, 발진이 생기고 심한 경우 실명할 수도 있습니다.

본격적으로 염색할 때는 약이 묻기 쉬운 귀나 목, 이마에 미리 클렌징크림이나 로션을 듬뿍 발라주면 물드는 것을 방지할 수 있습니다. 혹여 묻었다 해도 바로 지워집니다. 그래도 피부에 착색됐다면 단시간에 빨리 씻어내야 합니다. 클렌징 티슈나 클렌징 오일크림을 묻혀서 살살 닦아내듯이 지워줍니다. 그래도 안 지워진다면 솜에 맥주를 적셔서 묻은 부분에 올려두었다가 닦습니다.

혼자 알기 아까운 나만의 옷에 묻은 염색약 지우는 법 알려주세요!

1001 피부에 묻은 염색약 지울 때는 담배꽁초에 비누를 묻혀서 문지르면 됩니다.

7188 담배꽁초 필터로 문지르면 좋아요.

더 알아보기

쓰다 남은 염색약 사용하는 방법은?

요즘 간편한 버블 염색약을 쓰는 경우가 많은데 약이 남는 경우가 왕왕 있습니다. 이럴 때 남은 염색약을 사용하는 방법이 있습니다. 염색약은 염모제 1제와 산화제 2제를 섞어 쓰는 방식입니다. 조금 번거롭지만 먼저 산화제 2제를 다른 화장품 샘플 통에 반쯤 덜어두고 염모제 1제를 반만 부어 사용하는 방법이 있습니다. 이렇게 하면 염색약 한 통으로 두 번 사용할 수 있습니다. 비닐 장갑도 흐르는 물에 깨끗이 빨아 말려두면 재사용할 수 있습니다.

집에서 하는 간편 드라이클리닝

가을, 겨울옷은 드라이클리닝 해야 할 것들이 많습니다. 식구들 옷을 모아서 세탁소에 맡기면 새 옷 한두 벌 값은 나옵니다. 이렇듯 한 달에 들어가는 세탁 비용이 만만치 않은데, 집에서 간단히 드라이클리닝 하면 가계에 많은 도움이 됩니다. 집에서 손쉽게 드라이클리닝 하는 방법 알려드리겠습니다.

집에서 드라이클리닝을 하기 위해서는 홈 드라이클리닝 세제가 있어야 합니다. 시중에 몇 가지 종류가 있는데 주로 대형마트나 인터넷쇼핑몰에서 팔고 있습니다. 1,000mL짜리를 사면 일 년은 씁니다.

세제가 준비됐다면 세제 뒷면에 적힌 세탁 방법과 주의사항을 꼼꼼하게 확인해야 합니다. 세제마다 조금씩 다르지만 대게 사용이 가능한 옷은 울, 실크, 면, 마 같은 천연소재와 앙고라, 캐시미어, 모헤어, 큐프라, 나일론, 아크릴, 폴리에스테르, 아세테이트 등의 합성섬유 그리고 란제리, 오리털 의류, 양털 시트류, 담요, 커튼 등이 가능합니다. 사용할 수 없는 제품은 레이온, 레이온 혼방, 날염제품, 프린팅된 의류, 가죽, 모피입니다.

홈 드라이클리닝은 손세탁이 기본이고 탈수할 때 세탁기에 살짝 돌려주는 것은 괜찮습니다. 세탁소에서는 기름과 합성세제를 사용하지만, 집에서는 물과 드라이클리닝 세제를 이용해서 세탁합니다. 대야에 찬물을 받아서 세제를 정해진 용량만큼 잘 풀어줍니다. 물의 온도가 높으면 옷감이 확 줄어들므로 주의해야 합니다.

홈 드라이클리닝

❶ 탈색 테스트를 합니다. 고무장갑을 끼고 세제 원액을 드라이클리닝할 옷 눈에 띄지 않는 곳에 살짝 발라줍니다. 5분 정도 지나서 흰 수건으로 가볍게 누르거나 문질러서 색이 번져 나오는지 봅니다. 색이 번지지 않는다면 세탁을 진행합니다.

❷ 오염이 심한 부분은 미리 세제 원액을 한번 발라줍니다. 그리고 잘 스며들 수 있게 한번 눌러줍니다.

❸ 옷을 잘 접어줍니다. 옷깃이나 소매같이 더러웠던 부분이 밖으로 나올 수 있게 접고 단추는 채워줍니다.

❹ 세제 푼 물에 접은 옷을 살살 눌러 담습니다. 옷감의 종류에 따라 담그는 시간이 다른데 보통 실크 블라우스는 5분, 스웨터는 10~15분, 양복은 15~20분 정도가 적정시간입니다.

❺ 시간이 지나면 세탁물을 조심스럽게 누릅니다. 떠오르면 누르고 떠오르면 누르기를 반복하면 까만 땟국물이 나옵니다. 절대 비틀거나 비비는 것은 금물입니다.

❻ 깨끗한 물로 2~3회만 헹궈줍니다. 거품과 냄새가 남아있지만, 건조 과정에서 모두 휘발돼 사라집니다. 모직 코트나 재킷은 헹굴 때 욕실에서 옷걸이에 걸어놓고 샤워기를 이용해 헹구면 형태가 잡혀 좋습니다.

❼ 세탁망에 잘 개켜서 넣고 세탁기 탈수코스로 5초~10초 정도 탈수해줍니다. 옷이 망가질까 걱정되면 세탁기 탈수과정은 생략해도 됩니다.

❽ 형태를 잘 펴서 그늘에서 건조합니다. 물에 젖어 무거운 니트류는 대형 수건을 바닥에 깔고 그 위에 펼친 뒤 다시 수건으로 덮습니다. 수건으로 한번 물기를 제거해주면 더 빨리 마르고 주름도 안 생겨서 좋습니다. 또 세제가 휘발성이라 일반세탁보다 훨씬 빨리 마릅니다.

와이셔츠 깔끔 다림질

살림하다 어려운 것 중 하나가 바로 다림질입니다. 특히 와이셔츠는 한쪽 다리면 다른 쪽이 구겨지고, 다시 한쪽 다리면 다른 쪽이 또 구겨지고…. 다리면 다릴수록 왠지 구겨지는 느낌이 듭니다. 와이셔츠 다림질 쉽게 하는 방법 뒤를 캐보았습니다.

먼저 와이셔츠는 세탁하고 나서 옷이 온전히 마르기 전에 다림질을 해주는 게 좋습니다. 다 마른 후 스팀 쐬면서 다리는 것보다 훨씬 잘 다려집니다. 젖은 상태에서 몇 번만 쓱쓱 다려주면 아주 깔끔한 셔츠가 됩니다.

❶ 가장 먼저 팔을 다리는데 양쪽 봉제선이 뒤로 가도록 한 다음 다려줍니다.

❷ 소매 양쪽을 잡아당겨서 안쪽 끝 부분에 다리미의 끝을 밀어 넣고 눌러주면서 다려줍니다.

❸ 몸판을 다립니다. 왼쪽가슴-등판-오른쪽 가슴 순서를 지켜 다려줍니다. 그렇지 않으면 요리조리 돌리다가 다시 구겨집니다. 왼쪽 가슴부터 밑으로 내려간다는 느낌으로 하면 구김을 최대한 방지할 수 있습니다. 등판은 안쪽에서 다려야 번들거리는 것을 방지할 수 있습니다.

❹ 어깨선을 양손으로 잡고 잡아당겨서 다리미판 끝에 고정해주면 쉽게 다릴 수 있습니다.

❺ 옷깃을 다리는데 옷깃 뒷부분부터 다려야 비뚤어지지 않습니다. 다리미 끝을 사용해서 테두리부터 중심을 향해 다려줍니다.

와이셔츠 다릴 때 제일 까다로운 부분이 단추 달린 면입니다. 단추 사이사이는 다리미가 잘 들어가지 않고 그렇다고 대충 넘어가면 쭈글쭈글한 티가 확 나기 때문입니다. 이 부분을 다릴 때 수건 한 장만 있으면 깔끔하게 다릴 수 있습니다. 먼저 수건을 여러 겹 접어 푹신하게 합니다. 와이셔츠를 단추가 아래로 향하게 수건에 놓습니다. 그러고 나서 다림질을 하면 수건이 단추 튀어나온 부분을 없애주는 쿠션 역

단추 달린 면 다리기

1. 단추를 아래로 향해 놓기

2. 수건을 쿠션삼아 다림질하기

빳빳함이 오래가게 다리기

1. 다리미판 커버 벗기기

2. 커버와 스펀지 사이에 알루미
   늄 포일 깔끼

할을 합니다.

열이 골고루 전달되어 단추 부분까지도 또 옷깃을 빳빳하게 다리고 싶으면 전분 가루를 이용합니다. 녹말가루에 물을 조금씩 뿌려서 다림질하면 빳빳해집니다.

무즙을 이용하는 방법도 있습니다, 옷깃에 무즙을 바르고 스며들도록 조금 둔 후 다림질합니다. 무는 수분이 많아서 즙내기도 쉽고 3% 정도의 당분을 포함하고 있어 풀 먹인 효과를 낼 수 있습니다. 보통 옷감을 빳빳하게 하는 농도가 2~4% 정도인데 무즙의 농도는 3.9%입니다. 꼭 즙을 내지 않더라도 잘라서 옷깃에 톡톡 두르려 주면 되므로 녹말풀 만드는 것보다 간편합니다.

다림질하기 전에 다리미판에 알루미늄 포일을 깔아주는 방법도 있습니다. 다리미판의 천 덮개를 벗기면 스펀지가 나옵니다. 그 스펀지 위에 포일을 깔아줍니다. 다시 덮개를 덮고 다림질을 해주면 잘 다려지고 빳빳함이 오래갑니다.

혼자 알기 아까운 나만의 다림질 방법 알려주세요!

6111 단추 달린 부분은 반대로 안쪽에서 다리면 잘됩니다.

3

다 똑같은
세척이 아니다

장난감마다 세척법이 달라!

아이들이 직접 가지고 노는 장난감은 청결이 중요합니다. 그런데 잘못된 세척 방법은 오히려 세척하지 않느니만 못합니다. 그래서 종류별 세척 법 뒤를 캐보았습니다.

장난감 자동차들은 대부분 플라스틱으로 만들어져있는 경우가 많습니다. 플라스틱 장난감은 열을 가하면 모양이 변형되기도 하고 또 환경 호르몬이 나올 수도 있으므로 열탕 소독은 피해야 합니다. 마른 수건에 물을 적셔서 장난감에 있는 먼지를 살살 닦습니다. 욕실로 가져가서 대야에 미지근한 물을 담고 중성세제나 아기 전용세제를 살짝 풉니다. 조금만 넣어도 거품이 많이 나니까 소량만 사용해도 됩니다. 그리고 여기에 플라스틱 장난감을 30분 정도 담가두고 스펀지를 이용해서 먼지 낀 구석구석을 닦아줍니다. 그리고 샤워기로 깨끗하게 헹궈줍니다.

플라스틱으로 된 블록 장난감도 같은 방법으로 세척합니다. 대야에 모두 넣고 중성세제나 유아 전용세제를 푼물에 담가둡니다. 그러고 나서 안 쓰는 칫솔로 틈새를 닦아주면 깨끗해집니다. 샤워기로 여러 번 헹구고 큰 채반에 넣어서 자연 건조합니다. 직사광선에서 말리면 색이 변할 수 있으므로 그늘에서 말리는 게 더 좋습니다. 말릴 때 헤어드라이어 차가운 바람을 쐬면 더 빨리 건조됩니다.

고무 재질 장난감은 입에 물고 빠는 장난감이 많습니다. 그리고 고무는 신축성이 강하고 형태변형이 작고 물에 띄워 놀 수 있어서 장난감에 많이 사용합니다. 대부분은 아기들에게 해가 없도록 항균처리가 되어 있어서 일주일에 한 번 정도만 세척해주면 됩니다. 세척방법은 플라스틱 장난감과 비슷합니다. 유아용 세제나 중성세제를 부드러운 스펀지에 묻혀서 닦고 헹궈서 햇볕 잘 드는 곳에서 일광소독 해줍니다. 고무 장난감은 내부에 습기가 남아 곰팡이가 생기기 쉬우니 충분히 말려주어야 합니다.

원목 장난감은 다른 소재 장난감보다 오염도가 낮은 편입니다. 하지만 물이 닿게 되면 곰팡이가 생기거나 변색하고 갈라져 쉽게 망가집니다. 그래서 물 세척은 금물입니다. 대신 제균 스프레이를 이용합니다. 마른 수건에 제균 스프레이를 뿌리고 닦아줍니다. 약국에서 파는 소독용 에탄올을 천에 묻히고 닦아주어도 좋습니다. 오염 물질이 심하게 묻어있다면 물티슈로 먼저 닦아내고 수건으로 물기를 말려줍니다. 햇빛에 말리면 나무가 뒤틀릴 수 있으므로 통풍이 잘되는 서늘한 그늘에서 말려줍니다.

장난감 보관함도 다양한 장난감을 한데 넣어 보관하는 만큼 세균이 많습니다. 일주일에 한 번은 청소기를 이용해서 보관함 내부에 들어가 있는 먼지를 제거해주는 게 좋습니다. 뚜껑 없는 보관함은 먼지가 많이 쌓이므로 될 수 있으면 뚜껑 있는 보관함을 사용하는 게 좋습니다.

볼 풀 공을 세척할 때는 욕조에 물을 받아서 중성세제 풀고 공을 넣습니다. 가벼워서 공이 위로 뜨면 손으로 휘휘 저어서 몇 분 놔두고 샤워기로 씻은 후 잘 말려줍니다. 아니면 큰 양파망이나 세탁 망에 넣어서 세탁기에서 헹굼과 탈수코스만 돌려도 깨끗해집니다.

아이들 낙서 감쪽같이 지우기

일은 눈 깜짝할 사이에 일어납니다. 아이들은 왜 꼭 스케치북 놔두고 벽지에, 지워지는 펜 놔두고 안 지워지는 펜으로 낙서할까요? 아이들 낙서 지우는 법 뒤를 캐보겠습니다.

크레파스와 색연필은 마사지크림이나 클렌징크림을 이용해 지웁니다. 이런 크림들은 유성이라 웬만한 크레파스와 색연필은 쉽게 지워집니다. 마른걸레에 적당히 묻혀서 여러 번 문지른 다음 기름기가 남아 있지 않게 다시 마른걸레나 물걸레로 닦아주면 됩니다. 크림이 없다면 식용유를 살짝 묻혀 지워도 잘 지워집니다.

볼펜이나 유성펜은 등은 물파스나 소독용 에탄올로 지울 수 있습니다. 물파스는 낙서부위를 톡톡 두드리고 마른걸레로 닦으면 되고 소독용 에탄올은 스펀지에 적당히 묻혀 닦아주면 됩니다. 소독용 에탄올은 약국에서 1,000원 정도에 살 수 있습니다. 가구에 그려놓은 낙서는 물파스나 소독용 에탄올로 쉽게 지워지지만, 벽지에 해놓은 낙서는 자칫하면 흐릿하게 번지면서 벽지가 망가질 수 있습니다. 벽지에 펜으로 해놓은 낙서는 면봉에 물파스나 에탄올을 살짝 묻혀 낙서부위만 톡톡 두드리면서 지웁니다.

그래도 깨끗하게 지워지지 않으면 다음 단계로 지우개나 치약을 준비합니다. 바닥에 신문지를 깔고 낙서부위를 지우개로 지우거나 그래도 안 되면 치약을 마른걸레에 조금 묻혀서 닦습니다. 가구를 치약으로 닦으면 웬만한 낙서는 다 지워집니다. 게다가 가구에 윤기와 은은한 치약 향기도 더해집니다.

수성 사인펜은 물걸레질만으로도 잘 지워지는데 부위가 넓을 경우에는 얼룩이 질 수 있습니다. 이때 가장 확실한 방법은 물에 주방 세제나 샴푸를 조금 풀어줍니다. 그리고 스펀지에 거품을 살짝 묻혀서 낙서를 지운 후 다시 깨끗한 물걸레로 닦아내면 쉽게 지워집니다.

마루에 한 낙서는 쉽게 지워지는 편인데 마루 틈새에 있는 낙서는 잘 지워지지 않습니다. 이때는 소독용 에탄올과 암모니아수를 이용해 지웁니다. 소독용 에탄올과 암모니아수를 1:1로 섞고 물을 두 배로 넣어 희석합니다. 이 물을 화장 솜에 묻혀 톡톡 문지르면 감쪽같이 지워집니다. 이 방법은 벽지 지우는 데도 효과적입니다.

욕실에서 물감 놀이를 하다가 얼룩지는 경우도 있습니다. 이때 타일은 샴푸를 물에 풀어서 스펀지로 문지르면 잘 지워집니다. 타일과 타일 이음새에 물감 물이 들어버리면 지우기 쉽지 않은데 락스나 베이킹소다를 사용해 지웁니다. 이 부분에 락스를 칠하거나 베이킹소다에 물을 조금 넣어서 찐득하게 만든 것을 묻혀 하루 정도 둡니다. 그리고 다음 날 샤워하면서 지우면 됩니다. 이 밖에도 향수, 식빵, 아세톤, 매직 스펀지로 지우는 방법이 있습니다.

욕실에서 물감 놀이할 때, 물감에 물비누를 조금 섞어주면 아무리 물감 놀이를 심하게 해도 물청소만으로 물감이 쉽게 지워집니다.

밀폐용기 이렇게 관리해요!

두더운 여름에는 시원한 수박이 최고입니다. 수박 먹을 때 그때그때 잘라 먹기도 하지만 한 번에 작게 잘라서 밀폐용기에 넣고 꺼내먹기도 합니다. 그런데 밀폐용기에 배어있던 냄새 때문에 김치 냄새나는 수박을 경험하는 경우가 있습니다. 살림할 때 유용한 밀폐용기가 처음 샀을 때 그대로라면 참 좋을 텐데 관리가 쉽지 않습니다. 그래서 밀폐 용기 관리법 뒤를 캐왔습니다.

밀폐용기에도 여러 종류가 있습니다. 그중 가격이 저렴하고 가벼운 플라스틱 밀폐용기는 음식물 냄새가 가장 잘 뱁니다. 그래서 마른반찬을 넣어두는 게 가장 좋습니다. 냄새가 이미 배었다면 설거지를 아무리 여러 번 해도 잘 없어지지 않습니다. 그때 이런 방법을 써보면 됩니다.

밀폐용기 세척 법

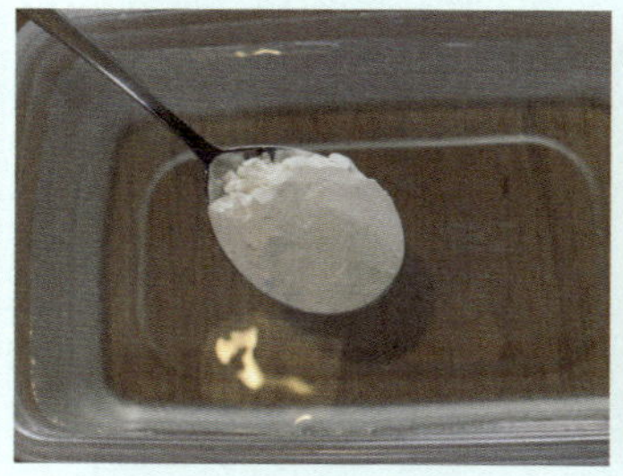

❶ 밀가루를 묽게 풀어서 밀가루 물을 용기에 두 시간 담아두면 냄새가 제거됩
니다.

❷ 쌀뜨물을 가득 붓고 하루 둡니다.
❸ 베이킹소다 풀은 물을 가득 넣고 하룻밤 둡니다.

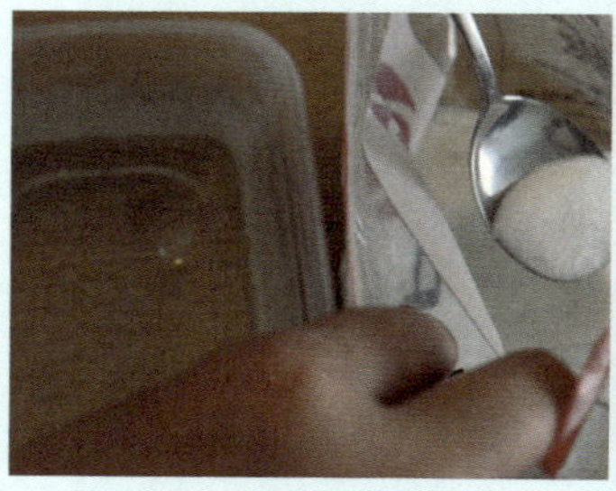

❹ 설탕물을 가득 부어줍니다. 단, 설탕과 물의 비율은 1:2입니다. 설탕을 많이
사용한다는 단점이 있습니다.

❺ 물을 가득 붓고 한번 우려낸 녹차 티백을 넣어두거나 커
피 찌꺼기를 넣어 하루 둡니다.

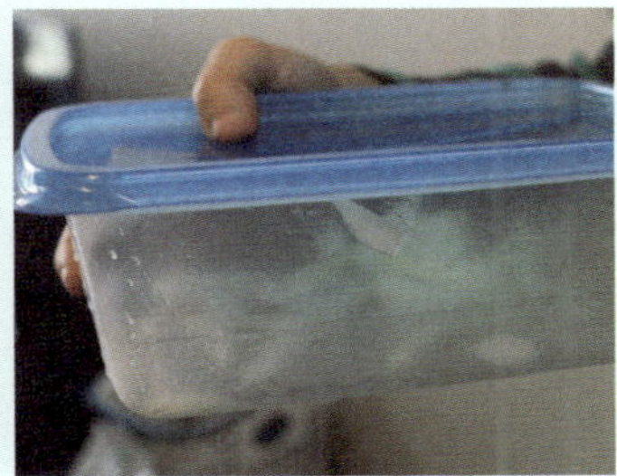

❻ 양파를 잘게 조각내서 흔들어주고 한두 시간 둡니다.

밀폐용기 뚜껑 고무패킹을 뜯어내면 곰팡이가 상당합니다. 평소에 완전히 말리지 않은 상태에서 뚜껑을 닫아 보관하면 곰팡이가 더 잘 생긴다고 합니다. 유리로 된 밀폐용기는 고무패킹만 잘 닦아줘도 새것처럼 깨끗하게 사용할 수 있습니다.

고무패킹을 세척하려면 먼저 뚜껑에서 고무를 빼야 합니다. 과도나 포크같이 날카로운 도구로 빼다가 상처가 나면서 찢어질 수 있으니 주의해야 합니다. 시중에 파는 밀폐용기 세척 솔 뒷부분을 사용해 빼도 되고 집에 있는 얇은 자나 문서에 끼우는 클립으로 빼도 됩니다.

곰팡이를 제거하려면 가장 먼저 고무패킹을 적당한 용기에 넣어 완전히 잠길 정도로 따뜻한 물을 담고 세제를 풀어줍니다. 이때 락스를 풀어주는 경우도 있는데 먹을 때 사용하는 그릇이므로 친환경 세제를 사용하는 것이 좋습니다. 베이킹소다 두 숟가락, 구연산 한 숟가락을 넣고 한 시간 정도 둡니다. 그다음에 칫솔로 가볍게 닦아주면 곰팡이가 닦입니다. 패킹이 들어가 있던 뚜껑의 틈도 칫솔로 닦아주시면 깨끗해집니다.

그다음 완전히 건조해서 젓가락으로 콕콕 넣어줍니다. 세척하면 고무가 늘어나는 경우가 있는데 건조하기 전에 뜨거운 물에 잠시 담가두면 다시 줄어듭니다.

혼자 알기 아까운 나만의 밀폐용기 세척, 법 알려주세요!

김*옥 테두리 찌꺼기는 이쑤시개로

레*카 김치통에 신문지를 구겨 넣고 통을 쓰기 전에 신문지 잉크 냄새 없애

주기 위해 한번 씻어주면 냄새 제거 완료!

5060 냄새나는 플라스틱은 씻어 햇빛에 내놓으면 싹 가십니다.

CHAPTER 2

구석구석 깨끗하게 보온병 세척

보온병을 쓰다 보면 안쪽 밑바닥 둘레에 녹이 스는 경우가 있습니다. 또 담았던 음료 향이 사라지지 않아 다른 차를 담기 곤란한 경우도 있습니다. 그래서 보온병 세척 법 뒤를 캐보았습니다.

보온병을 쓰다가 내부를 보면 붉은 반점 모양으로 녹이 슨 것을 볼 수 있습니다. 그런데 스테인리스로 만들어져서 녹이 슬기는 어렵고, 내부가 변색한 것입니다. 물속에 포함된 철분이 원인입니다.

스테인리스 제품 청소할 때는 베이킹소다를 사용하면 좋습니다. 대야에 뜨거운 물을 넣고 베이킹소다를 풀어준 후 여기에 보온병을 한 10분간 담가둡니다. 그리고 젖병 씻는 솔로 살살 씻습니다. 긴 나무 젓가락에 부드러운 수세미를 끼워서 사용해도 됩니다. 그리고 나서 여러 번 헹궈주면 깨끗해집니다.

보온병 세척하기

1. 베이킹소다 푼 물에 담그기

2. 솔로 보온병 닦기

3. 뚜껑 구석구석 닦기

4. 분리되는 것들은 따로 세척하기

베이킹소다로만 닦아도 안과 밖이 꽤 깨끗해지지만, 추가로 달걀껍데기를 이용하는 방법과 식초를 이용하는 방법이 있습니다. 세척한 달걀껍데기를 대충 부숴서 약간의 물과 함께 보온병에 넣고 손으로 입구를 막은 후 흔들어줍니다. 달걀껍데기가 잘게 부서지면서 세제 넣은 것처럼 하얀 거품이 생깁니다. 물로 깨끗이 헹궈주면 깔끔해집니다. 껍데기 안쪽에 붙어있는 흰 막이 물때와 앙금을 용해해주는 역할을 합니다. 달걀껍데기 대신에 쌀을 한 줌 넣어서 흔들거나 굵은 소금을 한 줌 넣어서 흔들어도 됩니다.

그리고 마지막으로 미지근한 물에 식초를 희석해서 넣고 30분 정도 내버려둔 후 솔로 한 번 더 닦아주면 붉은 반점과 물 때 냄새까지도 싹 제거됩니다. 살균 소독도 됩니다.

뚜껑이나 마개를 씻을 때 플라스틱으로 되어있는 것은 뜨거운 물에 넣으면 좋지 않습니다. 사용설명서를 보고 삶아도 되는지 확인해야 합니다. 삶는 것이 안 된다면 고무패킹이나 스프링 등 분리가 되는 것은 분리하고 미지근한 물에 식초를 풀어서 10~20분 담가줍니다. 그리고 아이들 빨대 컵 닦는 아주 작은 솔이나 부드러운 미세모 칫솔로 닦아줍니다. 그래도 안 닦인다면 이쑤시개에 키친타월을 작게 돌돌 말아서 닦아줍니다. 그리고 물에 여러 번 헹궈주면 대부분 물때가 제거됩니다.

세척하고 나면 완전히 말려줘야 합니다. 물기가 조금이라도 남아 있는 채로 뚜껑을 달아서 보관하면 냄새도 나고 보온력이 떨어질 수 있습니다.

뒤를 캐는 여러분

혼자 알기 아까운 나만의 보온병 세척법 알려주세요!

7000 보온병에 물 때가 끼거나 녹슬었을 때 식초를 부어뒀다가 수세미나 행주로 닦아주면 깨끗해집니다.

샤워커튼 간단하게 세척하기

깨끗하고 바짝 말라 있는 뽀송뽀송한 욕실에 들어가면 은근 기분이 좋아집니다. 그런데 샤워커튼은 자칫 잘못하면 물 닿는 면에 붉고 거무스름하게 물때와 곰팡이가 낍니다. 그리고 웬만해서는 잘 지워지지 않습니다. 청소의 사각지대 욕실 샤워커튼 완벽하게 세탁하는 방법 알려드리겠습니다.

커튼을 세탁하는 방법은 두 가지입니다. 하나는 락스를 이용하는 방법이고 또 하나는 식초를 이용하는 방법입니다. 락스를 사용할 때는 반드시 고무장갑을 끼고 욕실 창문을 열어야 합니다. 창문이 없다면 환기구를 반드시 돌리고 사용해야 합니다.

락스로 세탁할 때는 먼저 욕조에 배수구 마개를 끼웁니다. 그리고 락스와 주방 세제를 조금 넣어줍니다. 여기에 미지근한 물을 틀면 거품이 생깁니다. 그럼 커튼 봉에서 샤워커튼을 떼서 푹 담가놓습니다.

CHAPTER 2

이대로 한 시간 있다가 샤워기로 헹궈주면 물때와 곰팡이가 말끔히 없어집니다. 욕조가 없다면 큰 대야에 넣고 세탁하면 됩니다.

락스를 사용하면 탈색이나 변색할 수 있으니 소량만 사용해야 합니다. 또 커튼을 먼저 넣고 락스를 넣으면 안 됩니다. 물에 락스와 주방 세제를 미리 희석해놓고 거기에 넣는 것이 중요합니다.

깨끗한 물에 여러 번 헹궈서 건조할 때는 따로 탈수하지 않고 그냥 샤워 봉에 다시 걸어 말리면 됩니다. 아예 샤워 봉에 매달아 놓고 샤워기로 헹군 후 그대로 건조하는 것도 괜찮습니다.

식초로 세탁할 때 준비물은 식초, 세탁세제 그리고 안 쓰는 수건 2장입니다. 수건 대신에 깨끗한 걸레를 사용해도 됩니다. 우선 세탁기 속에 샤워커튼과 수건 두 장을 넣습니다. 그리고 세제 통에 세탁세제와 식초를 2:1 비율로 넣습니다.

이때 더운물로 세탁하는 것이 중요합니다. 세탁기에서 헹굼이나 탈수를 하면 구겨져 버리므로 표준세탁이 아닌 그냥 세탁코스로 돌립니다. 세탁이 끝난 후 샤워 봉에 널어서 샤워기로 물을 뿌려주면 마음도 말끔해집니다.

곰팡이를 예방하려면 평상시에도 관리해야 합니다. 샤워가 끝나면 샤워기로 샤워커튼을 한 번씩 쓸어내려서 비누 거품이 남아 있지 않도록 헹궈줍니다. 비누 거품이 남아서 말라버리면 제거하기 어렵습니다.

그리고 커튼의 접힌 부분이 없도록 매끈하게 펼쳐준 후 사용한 수
건으로 물기를 닦아줍니다. 물기가 떨어지지 않으면 욕조 바깥쪽으
로 커튼을 꺼내서 건조합니다. 그리고 1년에 한 번씩은 샤워커튼을
새것으로 교체하는 것이 좋습니다.

뒤를 캐는
여자

CHAPTER 3

곰팡이 없이
뒤를 캐는 여자

1

계절마다 어떻게
똑같을 수 있어?

여름철 현명한 식료품 보관법

덥고 습한 여름철에는 평소보다 식료품 보관에 더 신경 쓰입니다. 냉장고에 넣어두어도 음식이 상하는 경우가 꽤 있어서 주부들의 고민이 많습니다. 그런데 시간을 조금만 투자하면 이 고민을 확 줄일 수 있습니다. 여름철 식료품을 싱싱하게 오래 보관하는 방법 뒤를 캐보았습니다.

채소에는 자체에 수분이 많이 포함되어 있습니다. 세균이 번식하기 좋은 환경을 갖추고 있어 보관에 더 신경을 써야 합니다. 채소는 물에 씻어서 보관해야 하는 것과 물에 씻지 않고 보관해야 하는 것을 구분합니다. 물에 씻어서 보관하는 채소는 상추, 콩나물, 시금치입니다. 이것들은 물기가 있으면 더 신선해지고 요리할 때도 편합니다. 반면에 버섯이나 깻잎은 물이 닿으면 금방 시들고 썩기 때문에 씻지 않고 보관합니다.

여름철에 많이 먹는 채소 오이도 물기가 없어야 합니다. 물기를 잘 닦아서 신문지에 하나하나 쌉니다. 그리고 비닐봉지에 넣어서 냉장고 채소 칸에 보관합니다. 보관한 오이는 일주일 이내에 먹는 것이 좋습니다.

가지는 저온에서 오래 보관하면 모양은 별 차이 없지만, 맛이 현격히 떨어집니다. 이틀 정도라면 냉장고보다는 상온에서 보관해야 맛이 좋습니다. 냉장고에 보관한다면 신문지에 싸서 보관하는 것이 좋은데 이때 꼭지 부분이 위로 가게 세워놓으면 싱싱함이 오래갑니다.

브로콜리는 밑을 십자 모양으로 칼집 내서 보관하고 애호박은 은박지로 감싸 세워서 보관하면 그냥 보관할 때보다 4~5일은 더 갑니

다. 양배추는 변색이 빠른데 이때는 생장점을 잘라내고 랩을 싸서 냉
장고에 넣으면 좋습니다.

양파와 감자는 실온에 보관하되 바람이 통하는 서늘한 그늘에 둡
니다. 올이 나간 스타킹에 하나 넣고 돌리고, 하나 넣고 돌리는 식으
로 넣어서 매달아주거나 구멍 뚫린 나무 바구니에 넣어둡니다. 특히,
감자를 보관할 때는 에틸렌 가스가 나오는 사과를 한두 개 넣어주면
좋습니다.

육류와 어패류는 워낙 부패속도가 빠르다 보니 여름에는 사기가
망설여집니다. 그럴 땐 가게에서 집까지 가까운 거리라도 얼음을 넣
어 달라고 합니다. 보관할 때는 당장 먹을 거라면 냉장고에 넣어도 되
지만 그렇지 않다면 냉동실에 넣습니다.

고기류는 산소와 닿는 면적이 크면 부패가 더 빨라집니다. 그렇다
고 덩어리째 냉동을 시키면 나중에 요리하기 힘드니, 한 끼 분량만 잘
라 냉동보관 합니다. 닭 가슴살은 수분이 많아서 그냥 보관하면 퍼석
해집니다. 반 조리 후 보관하면 맛있게 먹을 수 있습니다.

생선은 사 온 모양 그대로 냉동하는 경우가 많은데 그러면 피가 밖
으로 배어 나와서 생선에서 피비린내가 납니다. 내장을 제거하고 찬
물에 잘 씻어서 소금물에 담가뒀다가 키친타월로 물기를 닦아주고
위생 팩에 넣어서 냉동해야 합니다.

우유는 냄새를 흡수하는 성질이 있습니다. 그래서 다른 식품과는 격리해 보관해야 합니다. 냉장고 문 칸에 넣고, 유통기한이 남았더라도 개봉 후 5일 이내에 마시는 것이 좋습니다.

빵도 냄새를 빨아들이는 성질이 강합니다. 냄새가 심한 식품과는 멀리 두고 랩으로 밀봉해서 보관합니다. 금방 먹지 않을 거라면 냉장보다는 냉동보관이 더 좋습니다. 냉동보관 후 먹을 때는 실온에 30분 꺼내놓으면 다시 촉촉해집니다.

달걀은 씻지 않고 뾰족한 쪽이 아래로 오도록 세워서 보관하는데 냄새가 강한 식품과는 함께 보관하지 않도록 합니다.

버터는 개봉했다면 한 달 이내에 먹는 것이 좋습니다. 먹을 만큼만 깨끗한 도구로 잘라서 먹고, 잘 싸서 냉장 보관합니다. 냉동에서는 두 달까지 보관할 수 있습니다.

두부는 담겨있던 물을 버리고 깨끗한 물을 받아 보관합니다. 물을 갈아주면서 냉장에서 4일까지 보관할 수 있습니다.

시리얼은 대부분은 개봉 후에 뜯었던 입구만 밀봉해서 보관합니다. 천연 곡물 시리얼인 경우, 곡류에 들어가는 화랑곡나방 등 해충들이 침투할 수 있습니다. 그렇게 때문에 밀폐용기에 담거나 밀봉할 때도 테이프로 단단히 밀봉해서, 건조하고 서늘한 곳에 보관합니다.

여름철에는 장 볼 때도 요령이 필요합니다. 장 보는 시간을 한 시간 이내로 하고 '냉장이 필요 없는 제품－채소, 과일류－냉장가공 식품－육류－어패류' 순으로 구매합니다. 육류나 어패류를 한 시간 동안 실온에 내버려두면 식품 온도가 20℃까지 올라갈 수 있습니다. 그러므로 집에 도착하면 바로 냉장고에 넣어야 합니다.

냉장보관도 각별한 주의가 필요합니다. 식중독을 일으키는 균이 생존하는 온도가 4~60℃입니다. 냉장실 온도를 4℃ 이하로 유지하고 자주 문을 여닫지 말아야 합니다. 또 따뜻한 음식을 냉장고에 넣어도 내부온도가 수시로 올라가므로 신경을 써야 합니다.

겨울철 유용한 과일, 채소 보관법

겨울철이 되면 과일이나 채소를 밖에 두는 경우가 많습니다. 하지만 새벽에는 기온이 영하로 내려갑니다. 결국, 과일이나 채소가 얼어 못 먹게 되는 경우가 종종 있습니다. 그래서 겨울철 과일이나 채소 보관하는 방법 알려드리겠습니다.

바나나는 열대과일이라서 더운 날씨에 잘 자랄 수 있게 적응됐습니다. 차가운 온도를 접하면 호흡작용이 거의 멈추면서 질식 상태가 되어 껍질이 점차 검게 변합니다. 위생상 문제가 생기는 것은 아니지만, 맛이 떨어집니다. 만약 발코니나 실외에 보관한다면 바나나를 신문지나 랩에 감싸거나 비닐봉지에 넣어서 묶습니다. 이렇게 하면 어느 정도 보온이 유지됩니다. 영하로 떨어지는 날씨가 이어진다면 실내 보관하는 것이 낫습니다.

바나나 비닐에 넣어 보관하기

바나나는 나무에 매달려 있다는 착각을 하게 해주면 가장 오래 싱싱함을 유지할 수 있습니다. 그래서 실온 보관할 때도 매달아 보관하는 것이 가장 좋습니다.

겨울의 대표 과일 귤은 대개 상자로 삽니다. 그런데 보관장소도 마땅치 않고 금방 물러서 문제입니다. 귤 보관은 먼저 껍질에 묻어있는 농약을 제거해 주는 것으로 시작합니다. 물에 베이킹소다나 소금을 조금 풀어서 10분 정도 담갔다가 찬물로 헹궈 말려줍니다. 수건으로 닦아 물기를 제거해줘도 됩니다. 그리고 상자 밑바닥에 신문지를 한 장 깔고 귤끼리 서로 맞닿지 않도록 드문드문 간격을 두고 놓습니다. 귤 한 칸 넣고, 신문지 덮어주는 것을 반복하여 상자 안에 층을 만들고 가장 위에 신문지를 덮어줍니다. 그리고 서늘한 곳에 보관하면 비교적 오래 두고 먹을 수 있습니다.

겨울철 별미 고구마는 호흡하는 과정에서 이산화탄소와 수분을 만들어내므로 건조한곳에 보관합니다. 고구마를 샀다면 꺼내서 말린 다음 다시 상자에 넣습니다. 이때 상자에 군데군데 구멍을 내고 고구마 사이에 군데군데 신문지를 구겨 넣어주면 건조하게 오래 보관할 수 있습니다.

호박의 경우 애호박은 겨울철에도 냉장고에 넣으면 됩니다. 단호박은 신문지에 싸서 바람이 잘 통하는 곳에 실온 보관합니다. 한 달 정도 보관할 수 있습니다.

키위는 덜 익었다면 말랑해질 때까지 실온에 둡니다. 에틸렌 가스를 방출하는 사과와 같이 두면 더 빨리 익힐 수 있습니다. 말랑하게 된 후에는 비닐 봉지에 담아서 냉장고 채소 칸에 넣습니다. 너무 차가운 곳은 키위 맛이 떨어지므로 발코니에 둘 때 얼지 않도록 주의해야 합니다.

브로콜리는 겨울에 맛이 더 좋습니다. 빨리 먹을 거라면 냉장 보관해도 되지만 오래 두고 먹을 거라면 한번 데쳐서 냉동보관 하는 것이 좋습니다. 끓는 물에 한번 데친 후 찬물에 헹구고 작게 잘라서 1회 분량씩 일회용 비닐봉지에 넣어 냉동 보관했다가 사용하면 됩니다.

양배추는 신문지로 싸서 냉장고 채소 칸에 보관하면 되고 자투리 양배추는 밀폐용기나 일회용 비닐봉지에 넣어서 냉장 보관하면 됩니다.

습기 가득 여름철 옷 보관하기

날씨가 쌀쌀해지면 여름내 입었던 옷을 정리해 넣어두고 가을옷을 꺼내야 합니다. 여름옷은 보관법에 따라 내년에 새 옷처럼 다시 입을 수도 있고 의류수거함에 들어갈 수도 있습니다. 내년에도 깔끔하게 입을 수 있는 여름옷 정리하는 방법 알려드리겠습니다.

여름옷은 땀이나 피지, 노폐물 등 오염물질에 노출되는 경우가 사계절 중에서도 특히 많습니다. 그만큼 변색이 되거나 곰팡이가 필 가능성도 큽니다. 깨끗해 보여도 보관 전에 반드시 세탁을 해주어야 합니다. 세탁할 때, 가루 세제보다는 액상 세제를 이용하는 것이 좋습니다. 세제 찌꺼기가 남아있으면 얼룩을 만들고 세균의 번식지가 될 수도 있습니다. 세제 찌꺼기가 남지 않도록 여러 번 헹구고 뽀송뽀송하게 건조해서 보관합니다.

세탁은 소재에 따라 다르게 해야 합니다. 가장 많은 면 소재는 세탁기에 돌려서 빱니다. 얇은 시폰 소재는 드라이클리닝을 하거나 미지근한 물에 중성세제 풀고 가볍게 눌러가면서 세탁합니다. 마나 리넨 소재의 옷은 고유의 세탁방법 표시에 따라서 드라이클리닝이나 물세탁을 합니다. 세탁이 끝났다면 보관하기 전에 옷깃이나 목, 겨드랑이 부위에 얼룩이 없는지 한 번 더 확인해주고 얼룩이 있다면 다시 세탁해서 완전히 제거해줍니다.

세탁 후에는 보관을 잘해야 합니다. 철 지난 옷 보관은 플라스틱 상자에 하는 경우가 많습니다. 그런데 여름옷은 얇고 밝은색 옷이 많아서 빛에 변색하기 쉽습니다. 그래서 투명한 플라스틱 상자보다는 불투명한 종이상자에 보관하는 것이 좋습니다. 종이상자는 어느 정도 습기를 흡수하고 다른 재질보다는 통풍이 잘되는 편이라서 여름 옷 보관하는 데는 안성맞춤입니다.

상자 바닥에 신문지를 한 장 깔면 습기를 차단하고 벌레를 방지할 수 있습니다. 옷을 모두 넣은 후 맨 위에 신문지 한 장을 덮어 주는 것도 좋습니다. 다만 신문지 바로 위에 흰옷을 두면 신문지 인쇄잉크가 묻을 수 있으므로 어두운색 옷을 밑에 깔아줍니다. 신문지 대신 흰 종이를 두면 종이의 표백성분이 옷감을 상하게 할 수 있습니다. 그러므르 표백되지 않은 누런 종이를 사용하는 것이 가장 좋습니다. 또 맨 밑에 무거운 옷부터 넣고 그다음 가벼운 옷들을 넣어야 옷에 생기는 주름을 최소화할 수 있습니다. 같은 색상별로 넣는 것이 좋은데 특히 흰옷은 변색이 쉬우므로 다른 색과 같이 두지 않는 것이 좋습니다. 잘 구겨지는 시폰 소재나 마 소재는 상자보다는 옷걸이에 걸어두는 것이 좋습니다.

옷을 넣기 전에 옷장 안에 곰팡이가 생기지 않았는지 구석구석 살펴보는 것도 중요합니다. 곰팡이가 있다면 바로 제거해주고 다시 생기지 않도록 항상 건조하게 유지해야 합니다. 환기를 자주 해주고 탈취제, 방습제를 넣거나 숯을 넣어주면 좋습니다.

여름내 목이 늘어나 후줄근해졌거나, 변색하여 한 번도 입지 않은 옷들은 새롭게 변신해줄 수도 있습니다. 흰 티셔츠가 군데군데 누렇게 변해있다면 양파껍질 끓인 물로 염색해도 좋습니다. 양파껍질을 모아서 물에 넣고 끓이고, 망에 걸러 껍질만 분리합니다. 그 물에 흰 티셔츠를 20분 정도 담갔다가 헹궈내면 은은한 갈색 티셔츠가 탄생합니다. 양파껍질에는 쿼세틴이라는 색소가 들어있어서 예쁜 주황빛으로 물들일 수 있습니다.

양파껍질 외에도 먹고 난 홍차 티백을 물에 우려서 실크 스카프나 블라우스 등을 담가두면 은은한 살구색으로 물듭니다. 홍차에 함유된 타닌 성분은 옛날부터 갈색으로 물들이는 재료로 썼습니다. 좀 더 진하게 물들이고 싶으면 한번 물 들이고 말린 후에 그 물에 다시 한번 담그면 됩니다. 천연염색이라 세탁할 때 물 빠짐이 걱정이라면 손빨래하고 중성세제를 쓰는 것이 좋습니다.

검은색 옷 물이 빠지면 보기 싫습니다. 희끄무레한 검은색 옷을 깨끗이 빤 뒤 헹굴 때 시금치 데친 물에 10분 정도 담갔다가 그대로 짜서 말리면 검은색이 다시 선명해집니다. 시금치의 엽록소가 색을 선명하게 해주고 칼륨과 칼슘성분이 착색해줍니다. 단, 흰색이나 밝은 색 옷은 얼룩질 수 있으니 조심해야 합니다.

멀쩡하지만 입지 않는 옷은 '옷캔'이라는 환경부 소속의 비영리민간단체에 기부하는 방법도 있습니다. 기부한 옷은 제삼세계 어린이들을 돕는다고 합니다. 지정된 택배 회사를 이용해서 착불로 보내면 됩니다.

안 입는 정장은 구직자에게 저렴한 가격으로 대여해주는 '열린옷장'에 기부하면 좋습니다. 온라인 신청을 하면 택배 상자와 송장 번호가 옵니다. 역시 착불로 보내면 됩니다. 아름다운 가게에 기증하는 방법도 있습니다. 기증신청을 하고 상자에 정리해놓으면 가지러 옵니다. 또 아기 옷은 인근 보육원에 직접 가져다주는 방법이 있습니다.

뒤를 캐는 여러분

혼자 알기 아까운 나만의 여름옷 보관법 알려주세요!

배*정 안 입는 옷은 아름다운 가게에 기부하면 판매금액에 따라 기부금 영수증도 발급해줍니다. 옷뿐만 아니라 책과 기타 등등 기부품목도 많으니 한 상자에 모아 담아 택배 신청해보세요.

장마철 신발 어떻게 보관하지?

장마철에는 비 때문에 자주 신발이 젖게 됩니다. 그런데 반복되다 보면 외출할 때 마땅히 신을만한 신발이 없어집니다. 일주일 내내 비가 내려도 신발 걱정 없을 수 있도록 젖은 신발 관리하는 방법 뒤를 캐보았습니다.

비 올 때 가장 좋은 신발 종류는 아쿠아 슈즈나 레인부츠입니다. 하지만 매번 그런 종류의 신발들만 신을 수는 없습니다. 빗물에 가장 취약한 신발은 구두인데 그중에서 가죽구두는 비를 맞게 되면 땀과 비가 뒤섞여 냄새도 심하고, 가죽이 변형돼서 뻣뻣해지거나 얼룩덜룩해집니다.

그럴 때는 일단 마른 수건으로 살짝 눌러 물기를 제거해주고 다음으로는 신문지를 넣어줍니다. 신문지를 뭉쳐서 구두 안쪽에 넣고 서늘한 곳에 이틀 정도 충분히 말려줍니다. 안창은 꺼내서 세제를 묻힌 스펀지로 닦아주고 물티슈로 비누기를 제거해주면 됩니다. 가죽 부분은 가죽 전용 클리너나 콜드크림, 상한 우유를 부드러운 천에 살짝 묻혀 닦아줍니다.

그리고 가죽구두에는 신발 모양이 틀어지는 것을 막는 슈 트리shoe tree가 있습니다. 나무로 된 일종의 신발 보형물입니다. 이것을 넣어주면 신발 모양 잡는 데 아주 좋은데, 나무로 된 것은 가격이 만만치 않습니다. 이럴 때 나무젓가락을 이용해서 신발 앞코에 신문지를 구겨 넣어 주고 젓가락을 뒤꿈치까지 끼워주면 슈 트리를 대신할 수 있습니다.

여름 샌들은 소재마다 관리법이 다릅니다. 우드 굽은 상처 나기 쉽고 비에 젖으면 상처들 사이에 곰팡이가 잘 핍니다. 코르크 소재도 나무껍질로 만든 것이라 물에 취약합니다. 그래서 처음 샀을 때 투명매니큐어를 발라서 코팅해주면 곰팡이를 막을 수 있습니다. 물에 젖었을 때는 충분히 건조해야 하는데 직사광선은 변형을 가져올 수 있으므로 바람 잘 통하는 그늘에서 말려주는 것이 좋습니다.

스웨이드 소재는 물에 닿는 순간 변색하고 굳어버립니다. 비 오는 날은 신지 않는 것이 가장 좋은 방법입니다. 그리고 방수 스프레이를 미리 뿌려놓으면 물에 젖었을 때 손상을 미리 줄일 수 있습니다. 보관할 때는 촘촘한 솔을 이용해서 결 방향대로 쓸어주고 신문지를 넣어주면 됩니다.

운동화도 종류별로 보관법을 알아야 합니다. 캔버스는 비만 오면 쫄딱 젖는 신발입니다. 빗물에 젖은 그대로 말리면 냄새가 나기 쉽습니다. 샴푸를 이용해서 가볍게 세탁해주고 충분히 헹궈서 그늘에 말려주어야 합니다. 평소에 보관할 때는 김 샀을 때 들어있는 작은 제습제 하나를 넣어주면 도움이 됩니다.

합성피혁 운동화는 비에 젖었다면 깔창을 분리해서 깔창과 신발을 가볍게 비눗물로 세탁해주고 역시 통풍 잘되는 그늘에서 말려줍니다.

젖은 신발을 빨리 말리려면 신문지와 돌멩이를 함께 넣습니다. 전자레인지에 돌멩이를 넣어 1~2분 돌려주고 신문지에 싸서 신발에 넣으면 말리는 시간을 단축할 수 있습니다. 그리고 맥주병이나 콜라병 같은 공병이 있다면 공병을 세워서 입구에 신발을 꽂아두면 그냥 뒀을 때보다 빨리 마릅니다. 페트병을 반으로 잘라서 신발 안쪽에 넣어주는 것도 모양을 잡아 주고 바람을 잘 통하게 하여 좋습니다.

장마철에는 신발장 관리도 해야 합니다. 신발장 내부먼지를 먼저 제거해주고 헤어드라이어로 1~2분 정도 습기를 말려줍니다. 신발장 바닥에는 신문지를 깔아주거나 회색 벽돌을 넣어주면 습기 제거하는 데 좋습니다. 단, 습기 제거제를 과하게 넣으면 신발이 틀어질 수 있으니 주의합니다. 그리고 평소에 신발장 안을 꽉 채워 놓으면 세균번식이 몇 배 빨라진다고 하니 수시로 신발장 정뤼를 하는 것이 좋습니다.

혼자 알기 아까운 나만의 장마철 신발 관리법 알려주세요!

0324 통풍되는 깔창을 장화에 깔고 다니면 좋습니다.
8998 신발 안에 곰팡이는 알코올을 뿌려두면 됩니다.
0324 신발장 안에 숯 몇 덩어리 신문지에 싸서 넣어두면 습기조절과 곰팡이 방지에 많은 도움이 됩니다.

언제나 새 우산처럼

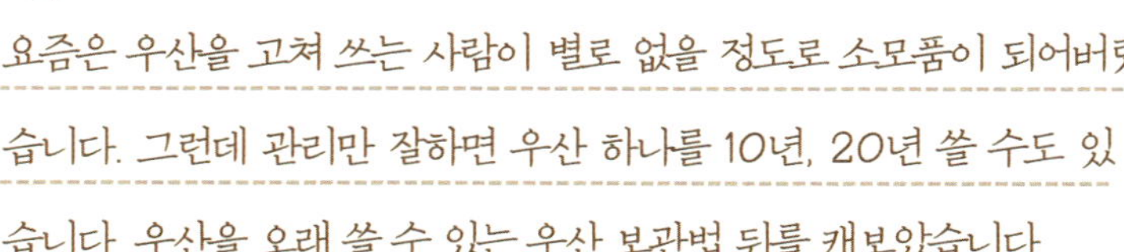

요즘은 우산을 고쳐 쓰는 사람이 별로 없을 정도로 소모품이 되어버렸습니다. 그런데 관리만 잘하면 우산 하나를 10년, 20년 쓸 수도 있습니다. 우산을 오래 쓸 수 있는 우산 보관법 뒤를 캐보았습니다.

우산을 보관하는 기본적인 방법은 보송보송 말려서 보관하는 것입니다. 될 수 있으면 그늘에서 바람 잘 통하는 곳에 말리는 것이 좋습니다. 활짝 펴놓은 상태로 완전히 말린 다음 접어서 우산 보관함에 넣으면 단순하지만 가장 좋은 보관법입니다.

그런데 우산을 펼치기에 공간이 비좁거나 비가 계속해서 내리면 완전히 말리기가 쉽지 않습니다. 그럴 때는 철물점에서 파는 벽돌을 사서 현관에 한두 개정도 쌓아두고 우산을 세워 말립니다. 벽돌은 회색 시멘트 벽돌이 좋습니다. 벽돌이 물기를 흡수합니다. 이때 주의할

우산 펼쳐 말리기

점은 우산 손잡이 부분이 아래쪽을 향하도록 세우는 것입니다. 그렇게 하지 않으면 빗물이 우산 안쪽으로 스며들어 우산살이 녹슬 수도 있습니다. 벽돌은 나중에 햇빛 쨍쨍한 날 잘 말려서 두면 오래오래 사용할 수 있습니다.

우산을 쓰다가 끈끈해지는 경우도 있습니다. 우산 제조업체에서는 우산 손잡이 부분을 플라스틱으로 만들고 그 위에 잡기 편하게 우레탄수지를 덧씌운다고 합니다. 그런데 우레탄수지가 일정 시간이 지나면 열과 습기에 의해 녹거나 변형이 올 수 있습니다. 필통 속 오래된 지우개처럼 손잡이가 끈끈해지면서 우산대도 같이 끈적거립니다. 안타깝게도 끈적임을 지우는 방법은 따로 없다고 합니다. 끈적거리는

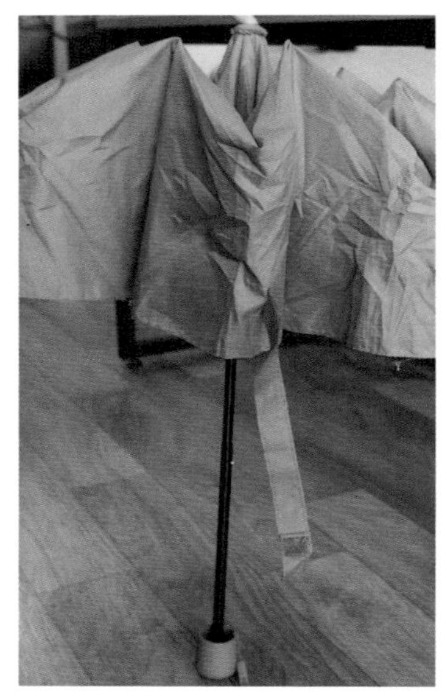
우산 세워 말리기

느낌이 싫다면 손잡이에 랩을 한 겹 씌워서 사용하는 것도 방법입니다.

또 우산 살 끝 한쪽이 떨어져 나가면 연쇄적으로 다른 것들도 떨어져 나갈 수 있습니다. 우산 살 끝 하나가 떨어져 나갔다면 바로 살짝 꿰매주면 오래 쓸 수 있습니다. 새로 샀을 때 우산 꼭지 부분은 접착제로 한번 고정해주는 것도 좋습니다.

그리고 우산살이 녹슬었을 때는 마른걸레에 아세톤을 이용해서 살살 닦아주면 아주 오래된 녹이 아닌 이상 대부분 제거됩니다.

그리고 무엇보다 우산을 살 때 튼튼한지 잘 살펴보는 것이 중요합니다. 처음 살 때 형광등에 비춰보면 박음질이 이중 박음으로 안 되어 있는 경우가 있고, 실 구멍 사이로 빛이 새어 들어오는 경우도 있는데 이런 것은 비가 샐 수 있으니 피해야 합니다. 또 샀을 때 펴서 한번 흔들어보거나 돌려보면 바로 부러지거나 휘어버리는 제품도 있습니다. 사기전에 한번 확인하는 게 가장 좋습니다.

드럼 세탁기 얼었을 때

겨울철이면 수도관이 동파되지 않도록 신경을 씁니다. 그런데 발코니에 있는 세탁기 어는 것에는 신경 쓰지 못하는 경우가 많습니다. 세탁기가 얼었을 때 어떤 조치를 해야 하는지 그리고 예방법은 무엇인지 알려드리 겠습니다.

우선, 드럼 세탁기는 얼었을 때 작동을 하지 않습니다. 간혹 고무패킹 부분이 얼어서 세탁기 문이 열리지 않을 때도 있습니다. 〈FF〉에러 표시가 뜨거나 〈OE〉에러 표시가 뜨기도 합니다. 이럴 때는 물이 들어오는 급수펌프 급수 호스나 연결된 수도꼭지가 얼었을 수 있습니다. 물을 밖으로 배출하는 배수 호스가 얼었을 때도 이런 표시가 뜹니다.

얼었는지 확인할 방법으로는 첫 번째, 세제 통을 확인해 봅니다. 코스 중에서 헹굼, 탈수만 되는 기능이 있습니다. 이것을 선택하고 동

잔수 제거 호스 확인

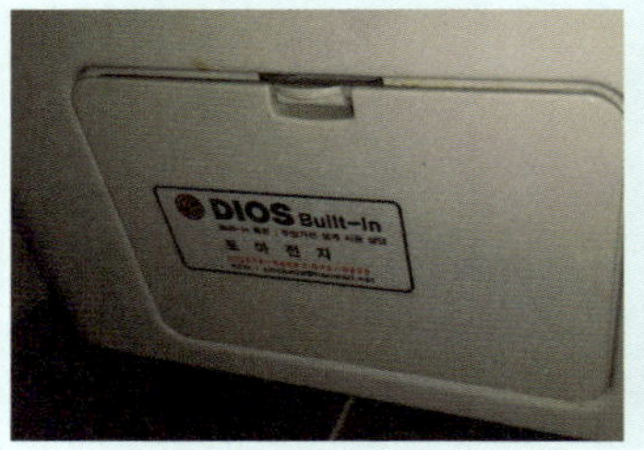

1. 서비스 덮개 찾기

2. 잔수 제거 호스에 물 나오는지 확인하기

작버튼을 누른 후 세제 통을 열어보면 물이 나오는지 안 나오는지 알 수 있습니다. 물이 안 나오면 세탁기가 동결된 것입니다.

두 번째, 잔수 제거 호스를 확인합니다. 세탁기 문 아래쪽에 네모난 서비스 덮개가 있습니다. 열면 작은 까만색 호스 하나가 있습니다. 이 것이 바로 잔수 제거 호스인데 밖으로 꺼내서 대야 하나 받혀놓고 호스를 열어봅니다. 물이 나오면 괜찮고 안 나오면 얼어버린 것입니다.

세탁기가 얼어서 작동하지 않는다면 집에서 할 수 있는 응급조치 들이 있습니다. 먼저 얼음을 제거합니다. 세탁기 내부가 얼었다면 문을 열고 안에 있는 옷감을 꺼냅니다. 그리고 대야에 50~60℃ 정도의 따뜻한 물을 부어줍니다. 고무 부분까지 채웁니다. 뜨거운 물은 화상 위험도 있지만 얼어 있던 것이 그대로 동파되어 버릴 수도 있으니 피

해야 합니다. 이 물을 세탁기 본체 내부에 부어주고 세탁기 문을 닫습니다. 그대로 1~2시간 기다린 후 잔수 제거 호스를 다시 확인합니다. 물이 나오면 녹은 거고, 나오지 않으면 아직 얼어 있는 상태입니다.

다음에는 급수 호스를 살펴봅니다. 급수 호스는 수도꼭지와 세탁기에 U자 형태로 연결되어있습니다. 먼저 수도꼭지를 잠그고 호스를 뺍니다. 대야에 따뜻한 물을 넣고 호스를 담가 녹여줍니다. 그러고 나서 급수 호스를 다시 수도꼭지에 연결한 후 얼음이 녹았는지 확인합니다.

이렇게 했는데도 세탁기 작동이 안 된다면 이번에는 수도꼭지를 의심해 봐야 합니다. 뜨거운 물을 수건에 흠뻑 묻히고 수도꼭지를 5분 정도 감싸줍니다. 아니면 헤어드라이어 더운 바람으로 살살 녹입

니다. 갑자기 녹이면 동파될 수 있으니 서서히 녹여주는 것이 중요합
니다.

세탁기가 어는 것을 방지하려면 배수 호스가 꼬여있지 않고 아래
로 향하게 늘어뜨려야 합니다. 꼬여있으면 안에서 물이 얼 수 있습니
다. 그리고 세탁이 끝나면 하단 서비스 덮개를 열고 잔수 제거 호스의
남아있는 물을 빼주어야 합니다. 또 고무패킹의 물기가 남아 있지 않
도록 마른걸레로 한번 닦아줍니다. 세탁 후에 문을 잠시 열어서 물기
를 말려주시는 것이 좋습니다.

또 수도꼭지를 잠그고 급수 호스를 분리해서 호스 내부의 물도 제
거해 주는 것이 좋습니다. 그리고 세탁실 안에 생기는 결로도 조심해
야 합니다. 결로로 물기가 얼어버릴 수 있습니다. 춥더라도 주기적으
로 창문을 열고 건조해야 합니다.

통돌이 세탁기 얼었을 때

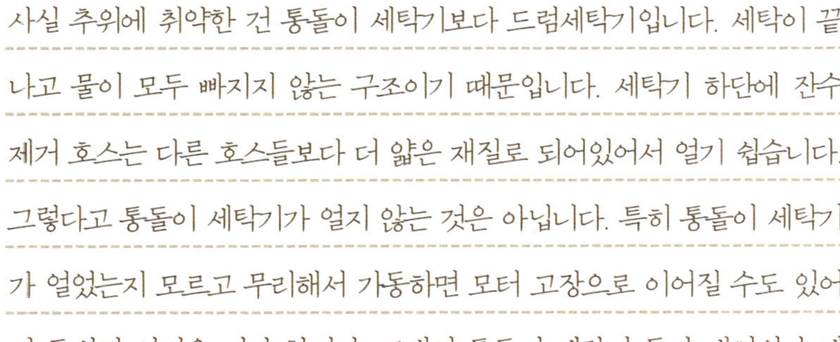

사실 추위에 취약한 건 통돌이 세탁기보다 드럼세탁기입니다. 세탁이 끝나고 물이 모두 빠지지 않는 구조이기 때문입니다. 세탁기 하단에 잔수 제거 호스는 다른 호스들보다 더 얇은 재질로 되어있어서 얼기 쉽습니다. 그렇다고 통돌이 세탁기가 얼지 않는 것은 아닙니다. 특히 통돌이 세탁기가 얼었는지 모르고 무리해서 가동하면 모터 고장으로 이어질 수도 있어서 특별히 신경을 써야 합니다. 그래서 통돌이 세탁기 동파 대처법과 예방법 뒤를 캐보았습니다.

통돌이 세탁기가 작동되지 않는다면, 어느 부분이 얼었는지 확인해봐야 합니다. 먼저 수도꼭지가 잠겨있지는 않은지 확인합니다. 얼지 말라고 잠갔다가 잊어버리고 수리기사를 부르는 난감한 상황은 막아야 합니다.

통돌이 세탁기가 어는 원인은 크게 두 가지입니다. 물이 들어가는 급수 호스에 물이 남아 있거나 물이 나가는 배수 호스 안에 물이 남아 있으면 얼어버립니다. 얼었는지 확인하는 방법으로는 우선 세탁기 통 안에 물을 서너 컵 정도 부어줍니다. 탈수버튼을 누르고 동작버튼을 누르면 물이 빠지는데 이때 배수 호스로 물이 나오지 않는다면 배수 부분이 언 것입니다. 다음으로 급수 부분을 확인합니다. 전원을 켜고 헹굼 1회를 선택하고 동작버튼을 누릅니다. 이때 통 안으로 물이 나오지 않으면 급수 부분이 얼어있는 것입니다.

동결한 것을 확인했으면 녹여야 합니다. 방식은 드럼세탁기와 비슷합니다. 우선 세탁기 뚜껑을 열어서 세탁기 속에 있는 세탁물을 모두 꺼냅니다. 그리고 통 내부에 물을 채워줍니다. 50~60℃ 정도의 물을 통 내부 빨래판 상부까지 충분히 채워줍니다. 세탁기 문을 닫고 1~2시간 정도 기다려줍니다. 이후 탈수버튼을 누르고 작동하는데 이때 배수 호스로 물이 나오지 않는다면 아직 얼음이 다 녹지 않은 거니까 조금 더 기다렸다가 물을 빼줍니다. 배수 호스로 물이 나오기 시작하면 세탁기 속에 있던 물을 완전히 제거합니다.

이번에는 전원을 켜고 헹굼 버튼을 누른 후 동작 버튼을 눌러줍니다. 세제 통으로 물이 들어오고 있는지 확인하고 만약에 물이 들어오지 않으면 수도꼭지를 잠그고 급수 호스를 빼줍니다. 급수 호스는

 뒤를 캐는 여자

50℃ 이하의 따뜻한 물에 잠시 담가 녹입니다. 만약 수도꼭지에서 물이 나오지 않는다면 뜨거운 물수건으로 수도꼭지를 녹여줍니다.

얼어버린 세탁기를 녹이는것 보다는 세탁기가 얼지 않도록 예방하는 것이 중요합니다. 평소에 배수 호스는 굴곡이 생기지 않게 아래로 향하게 놓아줍니다. 사용 후에는 덮개를 열어서 통 내부 물기를 말려줍니다. 통돌이 세탁기는 통 전체가 얼어버리기 쉬우므로 세탁기 본체에 이불을 덮어주는 것도 방법입니다. 또 세탁기 양쪽에 종이상자나 신문지를 두면 콘크리트 벽 쪽에서 오는 차가운 공기를 막아주어서 좋습니다. 수도꼭지는 시중에 파는 에어캡으로 감싸주거나 수건으로 감싸면 많은 도움이 됩니다. 그리고 평소에 수도꼭지를 잠그는 습관을 갖는 것도 좋습니다.

세 살 물건
여든까지 가는 법

크리스마스트리 집어넣기

트리는 성탄절을 전후로 짧게는 한 달, 길게는 서너 달을 사용합니다. 집 안에 세워놓으면 트리에 먼지가 상당히 쌓입니다. 내년에도 다시 사용해야 하므로 오랫동안 새것처럼 쓰기 위해서는 보관하는 방법도 중요합니다. 그래서 크리스마스트리 보관법 뒤를 캐보았습니다.

크리스마스트리도 세척이 필요합니다. 비닐에 둘둘 말아 아무렇게나 보관하면 서로 뒤엉켜서 다음 크리스마스 때 사용하기 힘들뿐더러 다시 사용하고 싶은 마음도 사라집니다. 한번 씻어서 깔끔하게 정리해 넣는 것이 좋습니다.

그런데 인조 크리스마스트리는 잎과 줄기가 연결된 부분이 쇠로 되어있어서 물 세척이 쉽지 않습니다. 일단 분리가 되는 잎은 분리해서 베이킹소다를 뿌리고 물 세척 해주는 것이 좋습니다. 분리가 안 되

는 부분은 면장갑을 이용해서 닦습니다. 면장갑을 낀 상태로 물을 살짝 묻힌 후 잎을 닦습니다. 그리고 발코니로 가져가서 말려줍니다. 통풍 잘되고 그늘진 곳에서 하루, 이틀 완전히 말립니다. 그리고 나무 부분을 신문지에 돌돌 말아주고 상자에 다시 넣어줍니다.

만약 크리스마스트리 부피가 커서 상자에 잘 안 들어간다면 랩으로 한번 칭칭 감아줍니다. 그러면 부피가 많이 줄어듭니다. 이 상태로 상자에 넣거나 김장용 비닐 또는 세탁소 비닐 씌우개를 위아래로 싸고 테이프로 칭칭 감아줍니다. 테이프 대신에 나일론 끈으로 감아 줘도 보관이 편리합니다. 이때 보관하면서 먼지가 다시 쌓이지 않도록 잘 감싸주는 것이 중요합니다. 창고에 둘 때는 세워서 보관하는 것이 더 좋습니다.

크리스마스트리에 장식하는 소품은 다양한 종류가 있습니다. 이것들은 다음 크리스마스에도 쓸지 모르므로 종류별로 나눠서 일회용 비닐봉지에 넣습니다. 그리고 큰 상자나 지퍼 달린 가방에 한꺼번에 넣어서 그대로 보관을 합니다. 그렇지 않으면 잃어버리기 쉽습니다. 비닐에 넣기 전에는 밖에서 먼지를 한 번씩 털어줍니다.

전구는 다른 것보다 더 보관에 유의해야 합니다. 무엇보다 끈이 꼬이지 않게 잘 펴서 감습니다. 혹시 피복이 벗겨졌거나 전구가 깨진 부분이 있다면 화재 우려가 있으니 아깝더라도 버려야 합니다.

혼자 알기 아까운 나만의 크리스마스트리 보관법 알려주세요!

0096　먼지 제거 방법은 큰 비닐봉지에 크리스마스트리를 넣고, 왕소금 한 움큼 넣고 바람 넣고 흔들면 됩니다.

2222　전구나 장식 소품은 종이 달걀 통에 보관하면 OK.

프라이팬 오래 쓰려면?

하루에 한두 번 이상 꺼내 쓰지만, 관리가 쉽지 않은 물건이 프라이팬입니다. 처음 샀을 때는 기름을 넣지 않아도 달걀프라이 정도는 붙지 않고 깔끔하게 요리됩니다. 그런데 시간이 지나면 점점 코팅이 약해지면서 덕지덕지 음식이 붙기 시작합니다. 그래서 프라이팬관리법 뒤를 캐보았습니다.

프라이팬은 소재에 따라서 크게 알루미늄코팅, 주물, 스테인리스스틸로 나눕니다. 가장 흔히 쓰이는 알루미늄소재는 열전도율이 높고 처음에 잘 길들여놓으면 오랫동안 사용할 수 있습니다. 주물제품은 금속 소재의 표면을 가장 우수하다는 유리인 에나멜로 코팅한 것입니다. 무게는 무겁지만 열 보존력이 커서 재료 고유의 맛과 향을 지켜준다는 장점이 있습니다. 그리고 스테인리스 스틸은 코팅이 벗겨질

프라이팬 길들이기

1. 물 넣고 끓이기

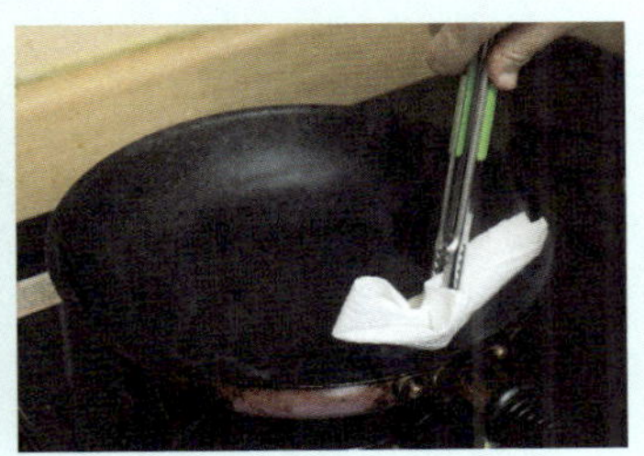

2. 식용유 발라주기

염려가 없어 환경호르몬 걱정이 없고 관리가 어렵긴 하지만 조금만 신경 쓰면 내구성이 강해서 영구적으로 사용할 수 있습니다.

　프라이팬은 처음부터 잘 길들여 놓는 것이 중요합니다. 먼저 처음 사용하기 전에 더러운 것이 묻어있을 수 있으므로 씻어줍니다. 그리고 나서 프라이팬에 물을 2/3 정도 붓고 끓입니다. 물을 버리고 가열하면서 물기를 잘 말린 후에 식용유를 골고루 발라줍니다. 키친타월을 이용해서 구석구석 강한 불로 2~3분 정도 문질러줍니다. 이때 데지 않게 조심해야 합니다. 다시 키친타월로 기름을 닦아주고 이 과정을 두세 번 정도 반복해줍니다.

　스테인리스스틸제품은 물 넣고 끓여줄 때 식초를 한두 방울 넣어주면 냄새까지 없어집니다. 주물제품은 기름을 발라줄 때 흰 연기가 날 때까지 가열해주면 기름 코팅이 입혀져 오랫동안 녹슬지 않고 사용할 수 있습니다.

프라이팬을 사용할 때는 코팅이 벗겨지지 않도록 주의해야 합니다. 코팅제의 주성분은 테플론입니다. 테플론을 만드는 데 쓰는 불소계 화합물인 PFOA는 면역력 저하, 기형아 출산, 간 손상뿐만 아니라 뇌 기능 저하, 심지어는 암까지 유발한다고 알려졌습니다. 그래서 코팅이 벗겨지지 않도록 해야 합니다. 요리할 때는 먼저 중간 불에서 2~3분 정도 예열하고 나서 음식을 넣는 것이 좋습니다. 고온에서 지나치게 오래 예열하면 코팅이 벗겨지지 쉽습니다.

스테인리스스틸 팬은 예열이 필수입니다. 먼저 강한 불로 팬을 달군 후 중간 불로 내려 달구는데 물을 한 방울 똑 떨어뜨렸을 때 구슬처럼 또르르 미끄러지면 기름을 두릅니다. 이때 왕관 모양으로 기름이 흐르면 예열이 잘된 것입니다. 채 달궈지지 않은 팬에 기름을 두르면 기름도 타고 팬의 색깔도 시커멓게 변하므로 주의해야 합니다. 요리할 때는 팬의 옆면까지 불이 올라오는 강한 불로 조리하지 않는 것이 좋습니다.

주물 팬은 다른 팬들과는 다르게 미리 예열하지 않고 기름을 바로 붓습니다. 그리고 항상 중간 불로 요리해야 합니다. 또 흠집이 나지

프라이팬 밀가루로 설거지 하기

1. 유통기한 지난 밀가루 준비

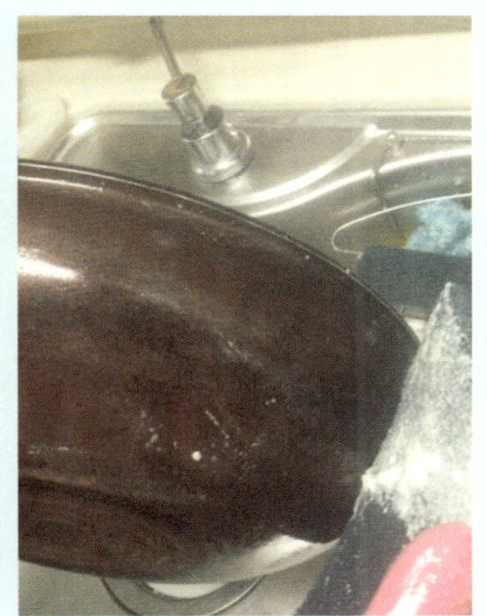

2. 밀가루로 문지르며 세척하기

않게 나무나 실리콘 소재의 조리 도구를 사용해야 합니다.

제조업체에 따르면 프라이팬의 수명은 기본적으로 3~4년 정도라고 합니다. 요리할 때 특정 부분만 자꾸 타거나 설거지할 때 그 부분만 잘 닦이지 않으면 코팅이 벗겨졌다고 보면 됩니다. 특히 생선조리를 하면 수명이 금방 단축되니까 전용 팬을 사용하는 것이 좋습니다.

프라이팬 사용 후 기름만 닦아내고 쓰면 된다고 알고 계신 분들이

많습니다. 하지만 결코 바른 방법이 아니며, 위생적으로도 좋지 않습니다. 우선 팬이 식기 전에 기름을 닦아내고 물로 살짝 씻어줍니다. 이때 뜨거운 상태에서 찬물에 바로 담그면 코팅이 벗겨지기 쉬우므로 미지근한 물로 씻어야 합니다. 스펀지나 부드러운 천으로 닦아주는 것이 좋습니다. 안 입는 면 티셔츠를 작게 잘라두고 써도 좋습니다.

프라이팬 설거지할 때 밀가루를 사용해도 됩니다. 기름을 닦아내고 밀가루로 문지르면서 씻으면 기름때가 싹 제거됩니다. 유통기한이 지난 밀가루를 따로 보관했다가 사용하면 됩니다. 탄 자국에는 베이킹소다와 구연산 또는 식초를 큰 세 숟가락 정도 넣고 미지근한 물을 넣은 후 약한 불로 끓여주면 없어집니다. 생선비린내가 배였을 때는 간장이나 소주를 조금 붓고 불에 조금 달궈주면 냄새가 제거됩니다.

섬세한 뚝배기 관리 Tip

뚝배기에 음식을 하면 마지막까지 따뜻하게 먹을 수 있어 좋습니다. 투박하게 생긴 모양이 정감 가기도 합니다. 그런데 뚝배기는 생긴 것과는 다르게 섬세하게 다뤄줘야 합니다. 그래서 뚝배기 관리법 뒤를 캐보았습니다.

뚝배기에는 공기는 통과하지만 물은 통과하지 않는 작은 구멍이 수도 없이 많이 있습니다. 그래서 숨을 쉰다고도 합니다. 김칫독으로 많이 사용하는 이유도 숨을 쉬기 때문입니다. 그런데 이 구멍에 세제도 들어갑니다. 즉, 세제를 사용하면 세제는 들어가는데 헹궈낼 때 물은 들어가지 못하므로 구멍 속에 세제가 그대로 남아 있다가 가열을 하면 나옵니다. 그래서 빈 뚝배기에 물을 넣고 끓이면 하얗게 세제 거품이 나오는 것을 볼 수 있습니다. 그 뚝배기에 음식을 끓이면 국물에 세제 거품이 그대로 섞이는 것입니다. 그렇다면 어떻게 관리해야 할까요?

뚝배기 길들이는 법

❶ 뚝배기가 들어갈 만한 큰 냄비에 쌀뜨물을 가득 채웁니다. 여기에 뚝배기를 담가서 하루 정도 둡니다.

❷ 그 상태로 냄비를 가열해줍니다. 끓기 전 김이 모락모락 날 때 가스 불을 끄고 천천히 식힙니다. 완전히 식으면 또 한 번 끓이고 완전히 끓기 전에 불울 끄는 과정을 3번 반복합니다.

❸ 마지막으로 완전히 식으면 미지근한 물에 깨끗이 헹궈줍니다.

❹ 뚝배기 속에만 쌀뜨물을 넣고 팔팔 끓여줍니다. 그러고 나서 끓였던 쌀뜨물이 식을 때까지 내버려 둡니다. 식고 나면 물에 헹궈내고 햇볕에 자연건조합니다.

이렇게 하면 쌀뜨물의 전분이 미세한 기공으로 들어가서 표면을 매끄럽게 해줍니다. 또 나중에 음식물이 스며들지 못하게 해서 내구성을 높여줍니다.

1. 뚝배기, 큰 냄비, 쌀뜨물을 준비

2. 쌀뜨물 채운 냄비에 뚝배기 담기

3. 끓이고 식히기

4. 뚝배기에 쌀뜨물 넣고 끓이기

뚝배기는 섬세한 만큼 주의해야 할 점도 있습니다. 가열할 때 처음부터 강한 불로 하지 말고 약한 불에서부터 끓여줘야 합니다. 가장 강한 불로는 가열하지 않는 것이 좋습니다. 뜨거운 뚝배기에 갑자기 찬물을 넣거나 빈 그릇으로 오래 달구면 쉽게 깨질 수 있습니다. 그리고 평소에 사용한 후에도 세제 대신에 쌀뜨물을 이용하여 씻습니다. 밀가루 한 숟가락 정도 풀어서 닦는 것도 좋습니다.

뚝배기에 계란찜을 하다 눌어붙었을 때 베이킹소다를 이용합니다. 베이킹소다를 한 숟가락 넣고 눌어붙은 부분까지 물을 넣어줍니다. 중간 불로 한번 끓이면 소다와 함께 찌꺼기가 둥둥 떠오릅니다. 그대로 식히고 부드러운 수세미로 닦아주면 깨끗해집니다.

혼자 알기 아까운 나만의 뚝배기 관리법 알려주세요!

6860 계란찜 눌어붙었을 때 베이킹소다보다 막걸리병 입구를 비스듬히 잘라서 긁어내면 깨끗이 닦여요.

5661 계란찜 눌어붙었을 때 달걀 껍데기로 문질러주세요.

4569 뚝배기에 눌어붙은 달걀은 페트병 잘라서 긁어내면 쉬워요.

종류별로 관리하는 수세미

수세미도 관리가 필요할까요? 매번 세제를 묻히니까 깨끗하지 않나요? 전혀 그렇지 않습니다. 수세미에는 무려 700만 마리가 넘는 세균이 살고 있다고 합니다. 꼭 필요한 수세미 관리법 알려드리겠습니다.

요즘에는 수세미 종류가 다양합니다. 그래서 막상 어떤 것을 골라야 할지 고민될 때가 많습니다. 고르기가 어렵다면 일단 수세미 포장부터 확인해보면 됩니다. '다목적'이라고 적혀있는 초록 수세미들은 대부분 부직포 연마제를 함유하고 있습니다. 세척이 아주 잘 되고 청소용으로도 좋습니다. 다만 고급 식기류에 사용하면 생채기가 생기므로 주의해야 합니다. 스테인리스 그릇이나 도자기류, 플라스틱 제품에는 사용하지 않는 것이 좋습니다. 하지만 냄비에 눌어붙거나 프라이팬 테두리에 기름때가 꼈을 때는 다목적 수세미가 잘 닦입니다.

다음으로 고급 식기용 수세미도 있습니다. 생채기가 거의 생기지 않는 부드러운 재질로 만든 식기류 전용 수세미입니다. 예전에는 스펀지 수세미가 많았지만, 요즘에는 그물 망사 수세미, 아크릴 수세미 등 여러 종류가 있습니다. 고급 스테인리스 냄비나 법랑 코팅제품 닦을 때 사용합니다. 또 플라스틱제품, 유리, 사기, 크리스털도 고급식기용 수세미로 닦아주는 것이 좋습니다. 특히 스펀지 수세미는 물 흡수력이 좋고 가장 부드러워서 그릇을 상하지 않게 합니다. 아크릴 수세미는 그 자체로 기름기를 흡수하고 분해하는 기능이 있어서 세제 없이도 잘 닦입니다. 기름기 없는 그릇들은 세제를 사용하지 않고 아크릴수세미로만 닦으면 친환경 설거지를 할 수 있습니다. 또 그물 망사 수세미는 건조가 빨라 좋습니다.

그리고 스테인리스 수세미라고도 부르는 철 수세미는 청소용으로 좋습니다. 불판이나 석쇠에 말라붙은 음식 찌꺼기를 제거하는 데 탁월하고 사용 후 건조가 빠릅니다. 하지만 코팅이 된 프라이팬이나 고급 식기에는 흠집이 날 수 있으니 주의해야 합니다.

그렇다면 수세미의 세균을 없애는 방법은 무엇일까요? 바로 전자레인지에 돌리면 됩니다. 전자레인지에 2분만 돌려도 세균의 99%는 소멸한다는 실험결과도 있습니다. 일회용 비닐봉지에 종이컵 반 정도 물을 넣고 주방 세제와 베이킹소다를 조금 넣어줍니다. 그리고 물에 적신 수세미를 넣어 조물조물 빨아줍니다. 일회용 비닐봉지 입구를 묶지 않고 전자레인지 안에 넣어서 1분 정도 돌려주면 됩니다. 전자레인지 성능에 따라 일회용 비닐봉지가 빵빵하게 부풀면 꺼내줍니다.

철 수세미는 동글동글 뭉쳐있으니까 물에 충분히 헹궈서 이물질을 꼼꼼하게 제거해줍니다. 그리고 끓는 물에 살균해줍니다. 팔팔 끓는 물에 10분 정도 삶아주면 됩니다. 스펀지 수세미는 물에 삶는다면 딱 1분 정도만 삶아야 변형이 없습니다. 아크릴수세미와 그물 망사 수세미는 삶지 말고 뜨거운 물에 베이킹소다 한 숟가락 넣은 후 10분간 담가주면 됩니다.

소독한 수세미는 직사광선보다는 바람이 잘 통하는 곳에 둬야 손상이 없습니다. 수세미를 평소에 사용한 후에는 최대한 말려서 보관합니다. 멀쩡해 보여도 한 달에 한 번 이상은 새것으로 교체해 주는 것이 좋습니다.

수세미 대신 양파망을 활용한다?!

싱크대나 가스레인지, 욕조, 세면대 청소할 때 일반 수세미보다 양파망을 이용해 닦으면 좋습니다. 세제를 조금만 써도 거품이 잘나고 흠집도 나지 않습니다. 설거지할 때도 양파망을 깨끗이 씻어서 사용하면 세제 양을 많이 줄일 수 있고, 작은 구멍들 덕분에 거품이 풍부해지고 또 금방 헹굴 수 있어서 좋습니다.

또 자투리 조각 비누들 모아서 쓰기도 좋고 거품 세안할 때 거품 세안 망으로 쓰기도 좋습니다. 양파망의 하얀 노끈을 빼고 고무줄을 끼워 넣으면 조각 비누를 넣을 때 편리합니다. 노끈은 버리지 말고 수세미나 칫솔모가 잘 안 들어가는 욕실 벽 틈새 청소할 때 씁니다.

번들거리는 옷, 수명 늘리기

정장이나 교복을 오래 입다 보면 특정 부분이 닳아 번들번들해지는 경우가 있습니다. 그런데 번들번들해졌다고 매번 고가의 정장이나 교복을 새로 사기도 어렵습니다. 그래서 오늘은 교복의 광택 줄이는 방법에 대해 알려드리겠습니다.

특정 부위만 번들거리는 이유는 두 가지입니다. 우선 섬유 사이사이에 때가 많이 끼기 때문입니다. 또 특정 부분의 섬유 잔털이 닳아서 떨어져 나갔거나 납작해져서 빛을 한 방향으로만 반사하기 때문입니다. 때가 많이 껴서 번들거릴 때는 중성세제와 암모니아수를 이용하면 좋습니다. 섬유 잔털이 누워있을 때는 식초를 이용하면 됩니다.

암모니아수를 이용하는 방법은 이렇습니다. 약국에 가면 암모니아수를 1,000원 안팎이면 쉽게 살 수 있습니다. 우선 번들거리는 부분을 솔로 결 따라 한번 쓸어내리듯이 털어줍니다. 분무기에 암모니아수를 한 숟가락 넣고 물을 한 컵 정도 넣은 후 잘 섞어줍니다. 그리고 번들거리는 곳에 뿌려줍니다. 잠시 후 헝겊을 대고 다림질을 한번 해줍니다. 이렇게 하면 번들거림이 없어질 뿐만 아니라 옷의 수명도 길어집니다.

그리고 식초를 이용하는 방법은 이렇습니다. 식초와 물을 1:2 비율로 섞고 수건에 충분히 적셔줍니다. 그리고 이것으로 광택이 나는 부분을 한번 닦아줍니다. 그러고 나서 흰 천을 덮고 꾹꾹 눌러가면서 다림질을 해주면 광택이 사라집니다. 식초가 섬유유연제 역할을 해주어 섬유에 탄력이 생깁니다. 그러면 빛을 여러 방향으로 산란시켜서 번들거림이 줄어듭니다.

이런 방법을 써보면 새 옷처럼 원상태까지의 회복은 어렵지만 보기 싫게 번들거리는 것은 많이 줄일 수 있습니다. 1:2 비율만 잘 지켜주면 식초 냄새도 걱정 없습니다. 식초로 다림질하고 나서는 옷장에 바로 넣지 말고, 바람 잘 통하는 곳에서 냄새를 빼고 넣으면 좋습니다. 입고 나서는 매일 옷 먼지를 털어내서 먼지가 굳어지는 것을 방지해줍니다.

교복이나 양복바지는 다림질이 쉽지 않습니다. 다림질하다가 번들거릴 때도 잦습니다. 교복이나 양복바지는 구김이 덜 가도록 폴리에

스터와 모를 혼방한 제품이 대부분입니다. 열 가까이에 페트병을 두면 쪼그라들듯, 열을 조금만 가해도 섬유가 열에 녹아서 금방 번들거립니다. 그래서 다림질할 때는 반드시 천을 대고 다림질을 해야 합니다. 천을 대고 하면 섬유가 녹는 것을 방지할 수 있고 또 그래야 번들거리지 않습니다.

깔끔하게 보풀 제거하기

니트는 따뜻하고 멋스러워서 날이 추워지면 자주 입곤 합니다. 그런데 보풀이 잘 일어나 입기 난감한 상황이 있습니다. 자꾸 잡아 뜯으면 보풀이 더 생기고 나중에는 올이 풀려 구멍이 나서 결국 그 옷은 잘 안 입게 됩니다. 또 여성들이 많이 신는 검정 레깅스나 스타킹도 세탁기에 한번 돌리면 보풀 일어나서 나중에는 신지 않고 그냥 버리게 됩니다. 따뜻한 니트류를 보풀이 일어나도 버리지 않고 잘입을 수 있도록 보풀 제거방법 알려드리겠습니다.

보풀의 정식명칭은 필₍pill₎입니다. 섬유 제품을 입다가 원단 표면에 생긴 잔털이 서로 엉켜서 이루는 작은 공 모양을 뜻합니다. 천연섬유인 울과 합성섬유인 아크릴로 만든 것은 입다 보면 서로 마찰이 생겨서 미세한 털들이 뭉치게 됩니다. 마찰이 많을수록 보풀은 더욱 늘어나게 됩니다.

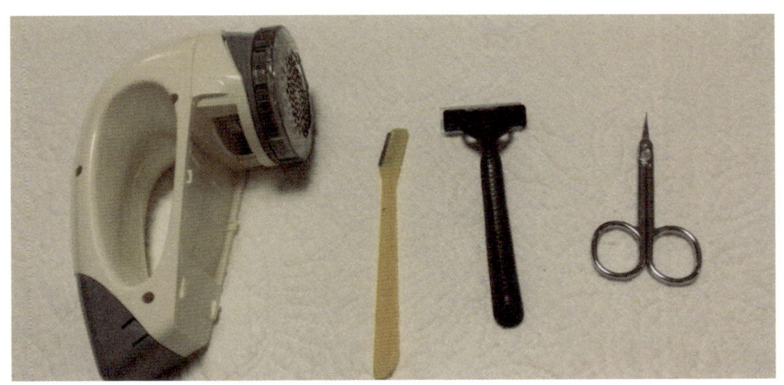
보풀 제거 도구

그런데 세탁했을 때, 울 니트는 보풀이 거의 없는데 아크릴 스웨터는 보풀이 많이 남아있습니다. 바로 섬유 강도 차이 때문입니다. 아크릴 같은 합성섬유는 천연섬유보다 강도가 세서 엉킨 섬유가 잘 떨어지지 않습니다.

보풀이 생기면 손으로 잡아당기는데, 가장 나쁜 방법입니다. 도구를 사용하는 것이 좋은데 여러 가지 도구를 사용할 수 있습니다. 집에서 쉽게 구할 수 있는 일회용 면도기, 손톱 가위, 눈썹 정리 칼 그리고 시중에 파는 보풀 제거기를 사용하는 방법이 있습니다.

이 중에서 눈썹 정리 칼이 보풀 제거가 가장 잘됩니다. 면도기는 생각보다 각도조절이 어렵고 긁힌 자국도 남으면서 옷감이 상합니다. 새 면도기보다는 어느 정도 무뎌진 면도기를 이용하는 것이 좋습니

쪽가위로 보풀 제거하기

다. 그리고 큰 보풀은 가위로 제거하는 것이 좋지만, 시간이 오래 걸리고 손이 아프며 구멍이 나기 쉽습니다. 가위를 사용할 때는 옷 안쪽에 책을 대고 자르면 구멍 나는 것을 줄일 수 있습니다. 시중에 파는 보풀 제거기는 만 원 안팎이면 살 수 있습니다. 다만, 얇은 섬유는 보풀 제거기를 사용하면 옷이 금방 얇아질 수 있다는 단점이 있습니다.

눈썹 정리 칼로 보풀을 제거할 때는 약간의 요령이 필요합니다. 눈썹 밀 때와 비슷한 느낌으로 해야 하는데 평평한 곳에 니트를 펼쳐놓고 45°C 각도로 눕혀서 한 방향으로 살살 쓸어내리면 보풀이 잘려나갑니다. 잘려나간 보풀 찌꺼기는 접착 테이프로 제거해줍니다. 눈썹 칼을 이용하기 전에 스팀다리미를 이용해서 스팀을 쐬고 하면 더 잘됩니다.

보풀을 제거하는 것도 중요하지만 생기기 전에 예방하는 것 또한 중요합니다. 먼지가 들러붙어 보풀이 생기는 경우도 많으니까 일단

눈썹칼로 보풀 제거하기

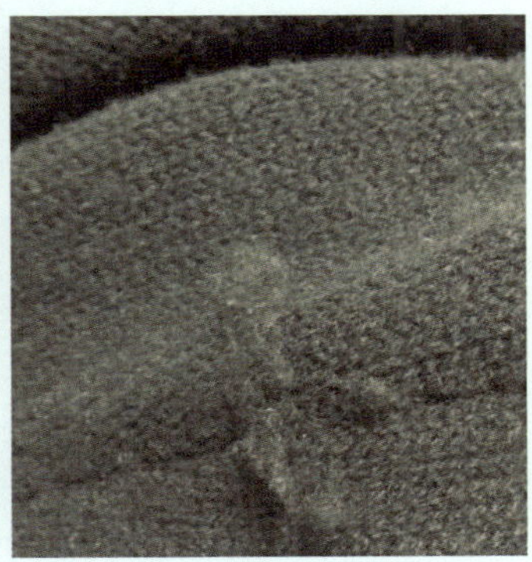

입고 나면 먼저 3~4번 크게 흔들어 먼지를 털어줍니다. 평소에 울샴푸를 이용해 세탁하고 헹굴 때 레몬즙을 살짝 넣어주면 보풀 예방에 효과가 있습니다. 그리고 탈수할 때는 반드시 세탁 망에 넣어서 돌리고 건조대에 넓게 펴서 말려줍니다. 보관할 때도 반으로 접어서 옷걸이에 걸어야 늘어나지 않고 좋습니다.

뒤를 캐는 여러분

혼자 알기 아까운 나만의 보풀 제거 방법 알려주세요!

0165 쪽가위가 안심되고 좋아요.

먼지 없이
뒤를 캐는 여자

1

공간마다
청소법은 달라!

전자레인지 반짝반짝 닦기

냉동 밥 데울 때나 간편한 베이킹할 때 유용하게 사용하는 것이 바로 전자레인지입니다. 그런데 전자레인지를 사용하다 보면 어느 순간 굉장히 지저분해집니다. 식음료가 들어가는 곳이라 아무 세제나 써서 청소하기도 찜찜합니다. 이때 식초를 이용하면 살균소독도 되고, 새것처럼 깨끗이 청소할 수 있습니다. 그 비법 알려드리겠습니다.

청소하는 방법

1. 전자레인지용 용기에 식초와 물을 동량으로 섞어줍니다.
2. 전자레인지에 넣고 물이 팔팔 끓을 때까지 돌려줍니다. 최대 출력에서 5분 정도 돌려주면 적당합니다.
3. 조금 지나면 전자레인지 안에 수증기가 가득합니다. 투명 창 전체가 뿌옇게

될 때까지 돌린 후에 문을 열지 않고 10~20분 정도 내버려둡니다.

4. 이후에 문을 열면 전자레인지 내부에 김이 서려 있습니다. 이때 때를 벗기기 쉬워지므로 뜨거운 물에 헹군 깨끗한 행주로 한번 구석구석 닦아냅니다.

5. 오래된 찌든 기름때는 한 번에 제거하기 쉽지 않습니다. 이때는 한번 돌려서 졸여진 산도 높은 식초 탄 물을 오염된 부분에 발라주고 그 위에 베이킹소다를 뿌립니다.

6. 버리지 않고 모아둔 일회용 비닐봉지나 랩을 이용해서 베이킹소다를 바른 곳에 덮어씌웁니다. 한 시간 정도 덮어두면 때가 부드러워집니다.

7. 그러고 나서 깨끗한 행주로 닦아주면 때는 대부분 제거됩니다.

8. 내부청소가 어느 정도 끝났으면 이번에는 틈과 문짝, 조작 버튼을 이쑤시개로 꼼꼼히 긁어줍니다.

9. 외부도 식초 탄 물이 묻은 걸레로 청소합니다. 손잡이 안쪽은 걸레 끝을 양손으로 잡고 두 손 번갈아 교차하면서 잡아당겨 주면 잘 닦입니다.

10. 청소 후에는 3~4시간 정도 전자레인지 문을 열어 두는 것이 좋습니다.

식초 탄 물 대신에 비슷한 성질을 가진 귤껍질이나 레몬즙을 사용해도 됩니다. 물에 레몬즙 몇 방울 떨어뜨리거나 귤껍질을 물과 함께 가열해서 내부를 닦아주면 됩니다. 전자레인지 안에 음식 냄새가 심하게 뱄다면 물에 흠뻑 적신 녹차 티백을 넣고 1분 정도 돌려도 되고 오렌지 껍질이나 귤껍질을 넣고 1~2분 가열해도 냄새가 사라집니다.

요즘 많이 쓰는 광파 오븐레인지도 같은 방법으로 청소합니다. 오븐은 요리하고 나서 약간의 미열이 남아있을 때 청소하는 것이 좋습니다. 눌어붙은 얼룩과 찌꺼기들은 바로 제거하면 깔끔하게 청소할 수 있습니다. 바닥에 떨어진 음식물 찌꺼기는 부스러기 받침대를 빼서 털어주고 오븐 팬이 지저분해져 있으면 베이킹소다를 풀은 물에 충분히 불려서 부드러운 스펀지로 닦습니다. 오븐 안에 음식 냄새가 남아있다면 역시 레몬껍질, 귤껍질 등을 넣고 15분 정도 공회전시킵니다.

김장만큼 어려운 김치냉장고 청소, 완전정복!

김치냉장고 청소할 때, 큰 김치통에 있는 묵은지를 작은 김치통으로 옮겨 담고 김치통들 설거지한 후에 김치냉장고를 닦아야 합니다. 스탠드형이 아닌 김치냉장고는 워낙 깊어서 닦다가 냉장고 안으로 들어갈 뻔하기도 합니다. 김장만큼 어려운 김치냉장고 청소하는 방법 뒤를 캐보았습니다.

김치냉장고 청소할 때는 먼저 성에 제거부터 합니다. 일단 김치는 잠시 일반냉장고나 베란다에 옮겨 놓고 김치냉장고 전원코드를 뺍니다. 그리고 성에가 녹을 때까지 기다려야 합니다. 여름에는 금방 녹지만 겨울에는 녹는데 시간이 좀 걸립니다. 이때 성에를 무리하게 긁어내지 말고 냉장고 아랫부분에 수건을 한 장 깔아서 분무기에 뜨거운 물을 넣고 뿌립니다. 이때 물을 성에에 직접 뿌리지 말고 성에 주변에 물이 타고 내려오면서 자연스레 녹도록 하는 게 더 좋습니다. 그리고 마른행주로 한번 닦습니다. 성에를 떼어낸 부분에 행주로 식용유를 살짝 발라놓으면 나중에 다시 성에가 껴도 쉽게 제거할 수 있습니다.

청소하다 보면 김치 냄새와 김칫국물 자국은 잘 지워지지 않습니다. 그런데 베이킹소다와 구연산 그리고 행주만 있으면 간단하게 해결됩니다. 구연산이 없으면 식초로도 가능합니다. 먼저 베이킹소다로 닦고, 그다음에 구연산이나 식초로 한 번 더 닦습니다.

첫 번째, 미지근한 물에 베이킹소다를 넉넉히 두 숟가락 넣어서 잘 녹입니다. 베이킹소다 탄 물을 행주에 묻혀 김치냉장고 구석구석을 닦아줍니다. 그리고 마른행주로 한 번 더 닦습니다. 두 번째, 물에 구연산 가루를 두 숟가락 넣어서 휘휘 젓고, 분무기에 담아서 뿌려줍니다. 식초를 물에 희석해서 뿌려도 됩니다. 그다음 마른행주로 닦으면 김칫국물 자국이 말끔하게 사라집니다. 마지막으로 소주를 행주에 묻혀서 한 번 더 닦아주면 냄새까지 싹 사라집니다.

고무패킹에 까맣게 때가 낀 경우에는 곰팡이가 피기 쉽습니다. 곰팡이 포자가 김치통까지 퍼질 수 있어서 꼭 제거를 해줘야 합니다. 고무패킹은 면봉이나 칫솔에 베이킹소다를 희석한 물을 묻혀서 닦고 마른행주로 잘 말려줍니다. 그런데 가끔 고무패킹을 닦고 나면 냉장고 여닫는 것이 헐거워지는 경우가 있습니다. 이때는 바셀린을 조금 발라주면 새 냉장고처럼 이용할 수 있습니다.

　김치통은 깨끗이 설거지를 해도 냄새가 계속 남아있습니다. 김치통 냄새를 빼려면 베이킹소다를 푼 물이나 쌀뜨물 또는 설탕물을 가득 붓고 하룻밤 정도 둡니다. 그리고 햇빛에 바짝 말립니다. 안 쓰는 김치통은 신문지를 구겨 넣고 사용하기 전에 한 번 더 씻어서 사용하면 김치 냄새가 나지 않습니다.

가스레인지 때 빼고 광내기

가스레인지 구석구석을 청소하려고 마음먹기가 쉽지 않습니다. 매일 청소해야지 생각하면서도 실천하지 못했던 가스레인지 청소 비법! 뒤를 캐보았습니다.

가스레인지 후드를 청소하려면 베이킹소다와 과탄산소다가 필요합니다. 둘 중 더 필요한 것은 과탄산소다입니다. 과탄산소다는 산소계 표백제인데 물과 만나면 부글부글 화학반응이 일어나면서 얼룩을 제거합니다. 또 표백 효과도 뛰어납니다. 대형마트나 인터넷으로 구매할 수 있고, 인터넷에서는 5kg 대용량이 5,000~8,000원 정도 합니다. 쓰임이 많으므로 대용량을 사도 좋습니다.

후드의 때를 빼기 위해 들통에 가스레인지 후드와 베이킹소다를 넣어서 삶으면 때는 잘 제거되지만, 필터가 변색하고 휘어집니다. 그

청소하는 방법

1. 후드 필터를 떼어냅니다.

2. 필터가 들어갈 만한 큰 들통을 준비하거나 싱크대 개수대에 물을 조금 받습니다. 욕실 욕조에 넣어도 됩니다.

3. 과탄산소다와 베이킹소다를 넣어줍니다. 베이킹소다는 한 컵, 과탄산소다는 두 컵 정도 넣습니다. 베이킹소다 빼고 과탄산소다만 넣어도 됩니다. 흔들면서 필터에 골고루 뿌려줍니다.

4. 기름때를 녹이기 위해 팔팔 끓인 뜨거운 물을 부어줍니다.

5. 거품이 보글보글 올라오면서 기름때가 둥둥 떠오릅니다.

6. 이대로 20분 정도 담갔다가 꺼냅니다. 기름때가 남아있는 부분은 솔질합니다.

7. 샤워기로 몇 번 헹구고 꺼내서 말려줍니다.

8. 후드 필터가 새것처럼, 변색없이 반짝반짝 광이 납니다.

심한 찌든 때는 들통에 넣고 10분 정도 끓이면 더 효과가 좋습니다. 이때 실내 공기가 탁해지므로 환기하며 삶습니다. 끓는 물에 과탄산소다를 넣으면 거품이 나면서 넘칠 수 있으니 불을 끄고 넣어야 합니다.

가스레인지 후드 필터 청소

1. 기름때 가득한 후드 필터

2. 욕조에 후드 필터와 과탄산소다, 베이킹소다, 끓는 물 붓기

3. 기름때가 떠오른 욕조

4. 깨끗해진 필터

런데 과탄산소다를 넣어서 삶으면 때도 잘 제거되고 필터 휘어짐도 없습니다.

가스레인지 상판과 화구가 더러워졌을 때는 대야에 과탄산소다와 베이킹소다를 뿌리고 뜨거운 물에 담가서 불린 다음 닦아주면 깨끗해집니다. 상판이나 레인지 주변 벽면 또는 후드 위에 찌든 먼지를 제거하는 방법은 다양합니다.

베이킹소다에 물을 섞은 후 뭉쳐서 찌든 때에 발라주고 10분쯤 지나서 닦는 방법도 있고 소주와 맥주를 이용하는 방법도 있습니다. 에틸알코올이 유기물을 녹여주고 살균 냄새까지 제거하므로 분무기에 넣고 뿌린 후 닦습니다.

신문지와 밀가루를 이용해도 됩니다. 가스레인지 상판과 벽면을 물을 살짝 묻힌 신문지로 닦아주면 기름때가 어느 정도 사라집니다. 그런데 신문지로는 음식물이 딱딱하게 굳어서 화석이 된 곳은 잘 지워지지 않습니다. 이때 밀가루와 식초를 2:1 비율로 잘 섞어 만든 밀가루 세제를 묻혀놓고 1~2분 후에 닦으면 잘 지워집니다. 밀가루 세제 대신 국수 삶은 물로 닦아도 됩니다. 그리고 나서 행주로 여러 번 닦아 말려줍니다. 삼발이를 원위치에 놓고 후드 필터까지 잘 말려서 끼워 넣으면 가스레인지 청소는 끝입니다.

시금치 데친 물도 가스레인지 청소에 사용할 수 있다?!

시금치 데친 물도 가스레인지 청소하는 데 아주 유용합니다. 시금치를 데치고 나서 시금치는 건져내 요리하고, 남은 물에 베이킹소다를 두 숟가락 정도 넣어줍니다. 그리고 물이 식기 전에 가스레인지 화구를 모두 들어낸 상판에 뿌려줍니다.

5분 정도 기다렸다가 부드러운 수세미로 닦아주는데, 이때 수세미 대신 양파망으로 닦으면 흠집도 안 나고 때도 싹 벗겨져 좋습니다. 따로 빼놓은 화구도 베이킹소다를 녹인 시금치 데친 물에 20분쯤 담가둡니다. 그다음 칫솔을 이용해서 닦으면 깨끗해집니다. 그래도 때가 없어지지 않는다면 과탄산소다까지 추가합니다.

CHAPTER 4

무궁무진한 활용도, 지퍼백

지퍼백은 일반 일회용 비닐봉지보다는 두툼하고 튼튼해서 쓸모가 많습니다. 그만큼 가격도 비싸서 한 번만 쓰고 버리기에는 아깝다는 생각이 많이 듭니다. 그래서 지퍼백 제대로 사용하는 방법 알려드리겠습니다.

보관하고 정리할 때 지퍼백의 활용도는 무궁무진합니다. 사무실에서 중요한 서류를 따로 넣어서 보관하거나 여기저기 널려있는 사무용품을 따로 모아서 보관하기 좋습니다. 또 명함이나 영수증처럼 작고 자잘한 종이를 정리하기에도 좋습니다. 지퍼백에 날짜를 적어서 보관하면 됩니다. 또 꼭 한두 조각씩 잃어버리는 퍼즐도 보관하면 좋습니다. 퍼즐과 판을 분리해서 퍼즐 조각만 지퍼백에 담고 퍼즐 판을 따로 모아서 세로로 수납하면 공간을 훨씬 효율적으로 활용할 수 있습니다. 또 지퍼백에 약을 종류별, 가족별로 구분해놓으면 찾기 쉽습니다. 지퍼백에 넣고 견출지에 이름을 적어서 붙여놓으면 약을 잘못 먹을 위험도 적어집니다.

냉장고 안을 수납할 때도 지퍼백은 유용합니다. 다른 용기에 비해 부피도 적게 차지합니다. 냉동실에 서로 겹쳐서 보관하면 아이스팩 역할을 해줘서 에너지 효율도 높아집니다. 또 식품을 소분해서 냉장고에 넣기도 좋습니다. 식품을 넣을 때는 깨끗한 지퍼백으로, 사용한 것 재활용할 때는 EM 발효액이나 베이킹소다와 구연산 수를 넣고 소독한 뒤에 잘 말려서 사용하면 됩니다.

볶음밥이나 된장찌개처럼 자주 해 먹는 요리가 있다면 채소들을 미리 손질해두고, 한번 먹을 분량만큼만 소분해 놓으면 아침 시간에 빠르고 편리하게 요리할 수 있습니다. 다진 마늘은 지퍼백에 보관해서 얼려놓고, 사용할 때 뚝뚝 부러뜨려서 사용하면 편하고 깔끔합니다. 생선이나 고기도 지퍼백에 소분해서 보관하는 것이 좋고 떡국떡은 지퍼백에 방습제를 함께 넣어서 냉동해두면 오래 보관할 수 있습니다.

다른 활용법도 많습니다. 부침해 먹을 때 밀가루와 내용물을 넣고, 지퍼 닫고 흔들어주면 골고루 적당하게 밀가루가 입혀집니다. 또 케이크나 초콜릿 만들 때 반죽을 지퍼백에 넣고 모서리를 살짝 잘라서 사용하면 짤주머니가 됩니다. 날이 더워지면 도시락 쌀 때 아이스팩도 필요합니다. 집에 있는 스펀지에 물을 충분히 적셔서 지퍼백에 넣고 냉동실에 꽁꽁 얼려주면 훌륭한 보냉팩이 됩니다. 기차나 버스 탔을 때 지퍼백에 휴대전화를 넣고 앞좌석 틈새에 걸어주면 손으로 들고 있지 않아도 스마트폰 거치대로 사용할 수 있습니다.

그런데 지퍼백은 보통 폴리에틸렌으로 만들어서 열처리는 하지 않는 것이 좋습니다. 또 음식물이 지퍼백 소재 사이사이로 침투할 수 있으므로 한번 음식을 담았던 지퍼백에 또 다른 음식물은 담지 않는 것이 좋습니다. 될 수 있으면 국물 종류를 담았다면 재사용은 하지 않아야 합니다.

믹서기, 이제까지 물로만 씻었니?

한 조사에 따르면, 부엌에서 사용하는 도구 중에서 믹서기가 가장 세균이 많다고 합니다. 믹서기의 칼날 오염도를 측정해보니, 도마보다 10배 이상 더러운 것으로 나타났습니다. 이런 상태로 생즙을 해먹는다면 세균을 그대로 먹는 꼴입니다. 그래서 믹서기 칼날까지 깨끗하게 청소하는 방법 알려드리겠습니다.

믹서기를 사용한 후에 물로 씻고, 말려서 다시 사용하는 경우가 많습니다. 이렇게 씻으면 겉보기에는 깨끗해 보입니다. 그런데 뚜껑을 열고 고무패킹 분해를 하면 그사이에 찌든 때가 어마어마합니다. 또 칼날 아래는 까맣게 곰팡이가 서식하고 있을 것입니다. 매일매일 사용한다면 씻을 때 헹궈서 깨끗한 물을 넣고 믹서기를 돌리는 것이 좋습니다. 그리고 일주일에 한 번 이상은 통을 씻어주는 것이 좋습니다.

달걀껍데기를 이용한 믹서기 청소

1. 달걀껍데기 준비

2. 달걀껍데기 믹서에 넣기

3. 달걀껍데기 잠길만큼 믹서에 물 붓기

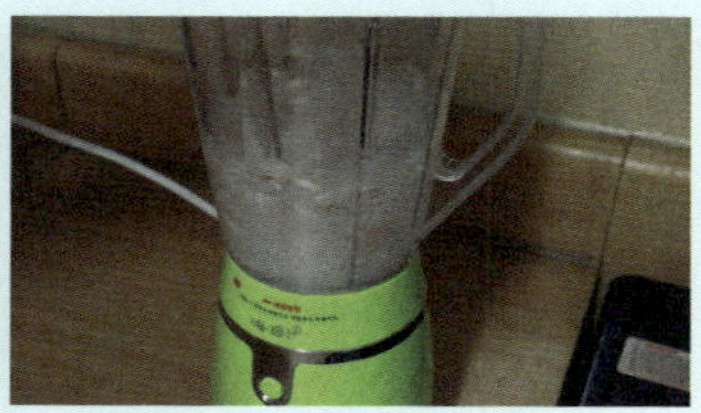

4. 믹서 돌리기

5. 깨끗한 물만 믹서에 넣기

6. 믹서 다시 돌리기

7. 식초와 물을 넣고 믹서 돌리기

8. 칼날까지 깨끗해진 믹서기

믹서기 전체를 씻는 방법은 두 가지입니다.

첫 번째는 달걀껍데기를 이용합니다. 달걀껍데기 안에는 하얀 막이 있습니다. 이 막은 지혈, 미백, 물집 제거, 소독 등 굉장히 다양한 작용을 합니다. 그래서 믹서기를 청소할 때 요긴하게 활용할 수 있습니다. 달걀껍데기에 붙어있는 흰 막이 물때나 앙금을 용해하고 껍데기 자체는 수세미 역할을 해줍니다. 우선, 아침저녁으로 사용한 달걀껍데기를 씻어서 한곳에 모아둡니다. 그리고 믹서기에 달걀껍데기와 달걀껍데기가 잠길 만큼의 물을 부어줍니다. 그리고 나서 뚜껑을 닫고 믹서기를 작동합니다. 방망이 형식의 믹서기도 긴 통에 달걀껍데기와 물을 넣고 돌려주면 됩니다. 이렇게 하면 거품이 나면서 껍데기가 곱게 갈립니다. 갈린 껍데기는 버리지 말고 다른 그릇에 모아둡니다. 그리고 한 번 더 깨끗한 물을 넣어서 헹구듯 돌려줍니다. 그러면 찌든 때는 물론이고 칼날 아래 불순물까지 싹 제거됩니다. 마지막으로 식초를 희석한 물을 넣고 돌려주면 살균, 소독에 냄새까지 제거되고 반짝반짝 윤기도 납니다. 곱게 갈린 껍데기를 모아두는 이유는 스펀지에 묻혀서 싱크대 청소할 때 사용할 수 있기 때문입니다. 확실하게 물 때 제거가 되어 세제 없이도 깨끗한 싱크대를 만들 수 있습니다.

다음으로는 베이킹소다를 이용하는 방법입니다. 미지근한 물에 베이킹소다를 두 숟가락 넣고 잘 풀어줍니다. 이 물을 믹서기에 넣고 30초쯤 돌려주면 됩니다. 그다음 물을 버리고 다시 식초를 희석한 물을 넣고 한 번 더 돌려주면 끝납니다. 식초 대신에 구연산을 물에 녹여서 돌려줘도 됩니다.

이렇게 달걀껍데기와 베이킹소다 그리고 식초를 이용해서 전체 통세척을 한번 해주고, 분리할 수 있는 것은 따로 한번 씻어주는 것이 좋습니다. 미지근한 물 조금에 베이킹소다와 구연산을 한 숟가락씩 넣고 믹서기 뚜껑과 고무패킹 칼날을 넣은 후 20분 정도 담가줍니다. 그리고 흐르는 물에 헹궈서 마른 천으로 닦아 완전히 말려줍니다. 믹서기 본체는 면봉을 이용해서 구석구석 때를 벗겨줍니다.

진드기는 이제 안녕, 매트리스 청소하기

침대매트리스는 관리하기가 참 힘듭니다. 키우는 고양이 털이 가득할 때, 더운 여름에 땀 뺄 때, 아이가 자다가 지도 그릴 때, 진드기가 득실득실할 때마다 매트리스를 삶아서 햇빛에 쨍쨍 말려주고 싶습니다. 그러나 매트리스를 옮기는 것만으로도 버거워 행동에 옮기기 쉽지 않습니다. 그래서 집에서 손쉽게 침대 청소하는 법 뒤를 캐보았습니다.

집 진드기는 가정 내 섬유 조직에서 사람의 피부분비물인 비듬이나 각질을 먹고 사는데 이불 한 장에 평균 20만~70만 마리 진드기가 서식하고 있습니다. 그런데 침대는 여름철 습기와 몸에서 흘러나오는 땀으로 진드기 번식의 온상지가 되기 쉽습니다. 진드기는 숙면을 방해하는 것은 물론이고 아토피성피부염, 비염, 천식 같은 각종 알레르기성 질환에 걸릴 확률을 높입니다. 여름철에는 침구를 자주 세탁해주는 것이 좋은데 베개 커버, 이불, 침대 커버를 모두 세탁합니다. 2주에 한 번 세탁하는 것이 좋고, 진드기는 60℃ 이상에서 죽으므로 55℃ 정도의 뜨거운 물로 세탁하면 더 좋습니다. 세탁 후에는 진드기 사체를 햇빛에서 탈탈 털어내야 합니다. 말릴 때는 햇빛에 말리는 것이 가장 좋지만, 습도 높은 장마철에는 선풍기를 돌리고 난방을 살짝 튼 상태에서 말려주어도 됩니다.

침구 청소가 끝나면 본격적인 매트리스 청소를 해야 합니다. 준비물은 베이킹소다와 청소기만 있으면 됩니다. 우선 매트리스를 두드려서 가볍게 먼지를 털어냅니다. 그다음 베이킹소다를 매트리스 전체에 솔솔 뿌립니다. 30분쯤 그대로 내버려둔 후에 마구 비벼줍니다. 이때 먼지가 뭉치는 것이 보입니다. 이때 청소기 노즐을 침구용으로 바꾸고 가루와 먼지를 빨아들이면 뽀송뽀송 깨끗해집니다. 청소기 먼지 통을 보면 하얀 베이킹소다가 회색으로 변해 있는 것을 확인할 수 있습니다. 먼지 청소가 끝나면 소독용 에탄올을 분무기에 넣고 골고루 뿌려준 뒤 창문을 열고 한나절 이상 말려줍니다. 베이킹소다 대신에 굵은 소금을 이용하거나 녹차티백을 이용해도 됩니다.

그런데 애완동물을 키우면 위 방법으로 매번 청소하기가 부담스럽습니다. 그럴 때는 고무장갑을 이용하여 더 간단하게 청소할 수 있습니다. 대야에 물을 가져와서 고무장갑을 끼고 물을 살짝 묻혀줍니다.

아이와 함께하는 매트리스 청소

그다음 이불이나 매트를 한쪽으로 쓱쓱 밀어줍니다. 한 번만 밀어줘
도 먼지가 철썩 붙는 것이 보입니다. 이것을 물에 다시 넣고 흔들어
주면 먼지가 쉽게 떨어져 나갑니다.

아이가 매트리스에 오줌을 쌌다면 다음 날 아침에 바로 청소해야 자국이 남지 않습니다. 중성세제를 따뜻한 물에 풀어서 수건에 묻히고 두드리며 닦은 다음 햇볕에 말려줍니다. 이렇게 하면 얼룩도 없어지고 소독도 됩니다.

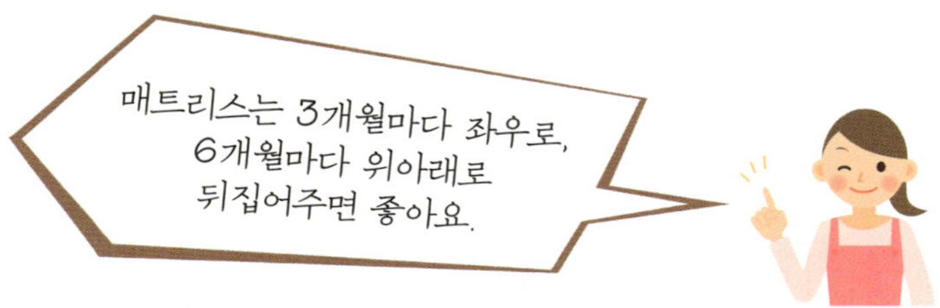

뒤를 캐는 여러분

혼자 알기 아까운 나만의 침대매트리스 청소법 알려주세요!

0324 매트리스 내부에 계피 끓인 물을 스프레이로 뿌려주면 진드기, 곰팡이 악취를 잡습니다.

더 알아보기

진드기퇴치 스프레이 만들기

소독한 병에 소독용 에탄올과 통 계피를 10:1 비율로 넣어줍니다. 일주일 정도 두면 짙은 물이 우러나오는데, 이것을 분무기에 담아서 매트리스와 침구에 수시로 뿌리고 20분쯤 내버려둡니다. 그 이후에 먼지 청소를 하면 진드기 사체가 사라집니다. 단, 색이 물들 수 있으니 희석해서 시트 안쪽에만 사용해야 합니다.

헤어드라이어 폭발조심!

헤어드라이어를 쓰다보면 바람 빠지는 부분에 먼지가 수북하게 쌓여있는 것을 볼 수 있습니다. 그런데 헤어드라이어가 이중으로 돼있어서 안에 있는 먼지는 제거가 힘듭니다. 먼지 수북한 헤어드라이어는 화재사고를 일으키기도 합니다. 그래서 헤어드라이어 청소방법 뒤를 캐보았습니다.

헤어드라이어가 폭발하는 가장 큰 원인은 바람이 들어가고 나가는 입구에 먼지와 머리카락이 쌓여 막히기 때문이라고 합니다. 헤어드라이어는 모터가 돌아가면서 팬을 회전시켜서 공기를 흡입합니다. 그리고 내부의 니크롬선을 달궈서 흡입했던 공기를 데우고 그걸 다시 배출합니다. 이때 공기 흡입구에 머리카락이나 먼지가 가득 쌓이면 내부 열선이 과열되면서 모터에 불이 붙어 심하면 폭발할 수 있습니다. 폭발로 인해 화상을 입는 경우도 많다고 하니 흡입구에 먼지가

1. 흡입구 분리하기

2. 흡입구에 가득한 먼지

3. 흡입구를 먼지 솔로 털어내기

4. 헤어드라이어 분리하여 먼지털기

헤어드라이어 청소의 기본은 바람 흡입구 청소입니다. 먼지가 날리므로 신문지를 깔고 뾰족한 자나 송곳으로 흡입구 틈새를 벌려 흡입구 필터를 뺍니다. 먼지 가득한 필터를 물로 씻고 그늘에서 말려줍니다. 필터를 빼낸 흡입구에도 먼지가 가득한데, 물 세척이 어려우므로 칫솔로 신문지 위에서 쓱쓱 닦아줍니다.

다음으로 헤어드라이어를 분해합니다. 드라이버로 나사를 두세 개 풀어주고 스위치 덮개를 벗기면 쉽게 열립니다. 덮개를 열면 뚜껑, 모터, 날개 곳곳에 먼지가 가득합니다. 안쪽 먼지는 청소기로 제거합니다. 그리고 베란다에서 10~20분 말려준 후 뚜껑 덮고, 나사를 다시 끼워주면 헤어드라이어 청소가 끝납니다.

안전 사용법

평소에 폭발 사고를 예방하기 위해서는 안전한 사용법이 필요합니다.

1. 헤어드라이어와 머리카락의 거리는 20cm 이상을 유지합니다. 너무 가까이 대고 사용하면 두피와 모발이 손상되고 머리카락이 빨려 들어가면서 큰 사고로 이어질 수 있습니다.

2. 전선은 헤어드라이어 본체에 감지 말고 벽에 걸거나 늘어뜨려 놓습니다. 돌돌 감아놓으면 합선 위험이 커집니다.

3. 헤어드라이어 바람이 얼굴이나 눈에 직접 닿는 것은 피합니다.

혼자 알기 아까운 나만의 헤어드라이어 청소법 알려주세요!

0237 헤어드라이어를 분해하기보다는 세차장에 있는 에어건으로 청소하세요.

CHAPTER 4

2

이럴 땐
어떻게 청소하지?

지긋지긋한 개미 퇴치법

집에 개미가 생기면 없애기 쉽지 않습니다. 그렇다고 그대로 두자니, 음식을 놓고 잠깐 한눈판 사이에 개미들이 몰려와 고민이 이만저만이 아닙니다. 그래서 개미 퇴치법 뒤를 캐보았습니다.

개미 퇴치 방법은 다양합니다. 그중에서 붕산을 이용하는 방법이 있습니다. 붕산은 약국에서 살 수 있습니다. 붕산과 설탕을 1:1로 섞어서 개미가 줄지어 다니는 곳에 조금씩 덜어 둡니다. 단, 아이들이 만지지 못하도록 주의해야 합니다. 이렇게 하면 붕산을 둔 자리에는 더는 개미가 지나다니지 않습니다.

그런데 다른 곳에서 다시 개미가 나타날 수 있습니다. 집에 개미가 살면 여왕개미가 적어도 50마리는 있다고 봐야 합니다. 그래서 한곳의 여왕개미를 죽이더라도 다른 곳에서 또 출몰합니다. 퇴치 약을 어설프게 썼다가 개미들이 긴장해서 더 많은 알을 낳고 번식하는 경우도 있습니다. 그래서 개미가 살지 못하는 조건을 만드는 것이 가장 중요합니다.

집에 생기는 개미의 70%가 애집개미인데, 따뜻하며 습한 환경에 번식합니다. 그런데 화분은 습도를 유지해주므로 집에는 화분이 없는 것이 좋습니다. 주방은 물기가 남아있지 않도록 항상 잘 닦아주고 화장실도 건조하게 사용해야 합니다. 그리고 사람이 살기 좋은 20~40℃를 애집개미도 가장 좋아하므로 서늘하게 지내는 것이 좋습니다. 또 먹을 것을 없애야 합니다. 개미가 가장 좋아하는 것이 설탕입니다. 생선살이나 달걀 부스러기도 무척 좋아합니다. 그래서 평소에 집안을 깨끗하게 청소하고, 쓰레기통 관리도 잘해야 합니다.

혼자 알기 아까운 나만의 개미 퇴치법 알려주세요!

김*숙 검정고무줄을 주변에 두면 개미가 기가 막히게 없어져요. 이 냄새를 무지 싫어하나 봐요.

배*숙 발코니 화분에서 기어 나오기에 주변에 천일염 뿌려놨더니 안 나오네요.

노*숙 은행잎이 좋다고 들었어요. 말린 은행잎을 두면 해충퇴치 효과가 있다고 합니다.

7754 바퀴벌레도 똑같습니다. 붕산을 사다가 납작한 접시에 카스텔라를 사서 체에 살살 문지르면 잘게 부서집니다. 거기에 붕산을 넣어 싱크대 밑이나 개미, 바퀴벌레가 다니는 길에 종이나 납작한 접시에 놓아두면 어느 날 갑자기 없어집니다. 개미나 바퀴벌레가 단, 한 마리라도 보이면 무조건 해야 합니다. 한번 해보세요. 신기하게 사라집니다.

9240 저희도 개미와 바퀴가 많았는데 신기패를 방바닥에 그어두었더니 깨끗하게 없어졌어요.

3756 개미 많은 곳에 소금을 조금 놓아두면 개미가 사라집니다.

가죽 소파 얼룩 어떻게 지울까?

소파에 앉아서 여유를 만끽하려다가도 소파에 덕지덕지 붙은 먼지와 각종 얼룩을 보면 마음이 싹 가십니다. 살 때는 밝은 아이보리 색이었는데 어느새 어두운 베이지색 소파가 되어버린 경험 있으신가요? 소파 중에서도 가죽 소파 청소법 뒤를 캐보았습니다.

가죽 소파는 평소에 관리를 잘 해주면 깨끗하게 사용할 수 있습니다. 가죽은 물을 피해야 합니다. 물이 닿으면 오히려 얼룩이 더 생길 수 있고 곰팡이의 원인이 되기도 합니다. 그래서 물걸레질은 반드시 피해야 합니다. 평상시에는 마른걸레로 먼지를 털어주는 정도로만 닦아주는 것이 좋습니다. 핸디 청소기로 먼지를 제거해도 됩니다. 음식물을 흘렸거나 얼룩이 생겼을 때는 즉시 마른걸레로 닦아줍니다.

이미 얼룩도 많고 색이 바랬다면 상한 우유로 청소하는 방법이 있습니다. 우유가 상하면 알칼리성과 암모니아가 발생하면서 클리너와 왁스 역할을 해줍니다. 마른걸레에 상한 우유를 묻히고 살살 닦아줍니다. 다만, 냄새가 날 수 있으므로 선풍기를 틀면서 우유를 말려주는 것이 좋고 청소 후에도 환기해줍니다. 우유 냄새가 싫다면 물과 우유를 1:1 비율로 섞어주고 사용합니다. 단, 물을 많이 섞으면 얼룩이 생길 수 있으니 주의해야 합니다.

바나나 껍질을 이용해 청소하는 방법도 있습니다. 바나나 껍질 안쪽 미끈미끈한 부분은 타닌성분으로 이루어져 있습니다. 타닌은 단백질과 결합하면 변성하는 작용이 있어서 가죽의 불순물을 제거하는 데 사용하는 물질입니다. 껍질 안쪽으로 얼룩진 부분을 문지르고, 마른걸레로 한 번 더 닦아줍니다. 그러면 얼룩이 없어지고 광택도 살아납니다. 살짝 생채기 난 부분도 복구 가능합니다.

지우개로도 얼룩을 지울 수 있습니다. 오래된 얼룩은 잘 지워지지 않고, 하루가 지나지 않는 얼룩에 적합합니다.

혼자 알기 아까운 나만의 가죽 소파 청소법 알려주세요

최*경 클렌징크림이나 마사지크림으로 닦아도 좋아요. 울퉁불퉁한 가죽은 바나나껍질 살이 낄 수 있으니 주의하세요.

0434 물파스로 지우세요.

0324 일반 가죽 클리너 말고 신발용 가죽 클리너로 닦고 마른 수건이나 휴지로 닦으면 끈적거리지 않습니다.

손님 오기 전, 초간단 청소법

가끔 갑자기 집에 찾아오는 손님이 있습니다. 집은 지저분한데 시간은 없고, 마음만 급합니다. 이럴 때 유용한 초간단 청소법을 알려드리겠습니다.

처음으로 해야 할 일은 쓰레기를 모으고 버리는 일입니다. 여기저기 널려있는 신문지와 잡지, 마시다 둔 음료수병 등을 모두 주워담습니다. 그리고 휴지통의 쓰레기봉투를 묶고 새 봉투를 끼워 넣습니다. 묶은 쓰레기봉투는 빨리 내다 버립니다. 그리고 눈에 보이는 소파의 쿠션과 침구를 잘 정리합니다. 탁자에 올라가 있는 책, 리모컨도 정리해줍니다. 의자나 소파에 걸쳐있는 옷들은 빨래바구니에 갖다 놓습니다. 그러고 나서 여기저기 거슬려서 지저분해 보이는 것들은 몽땅 숨깁니다. 여기서 주의할 점은 숨겼던 장소를 잊어버리면 안 됩니다.

"

스타킹으로 먼지 제거

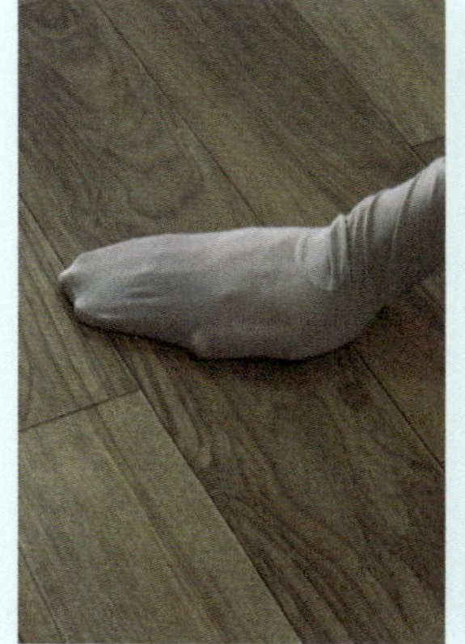

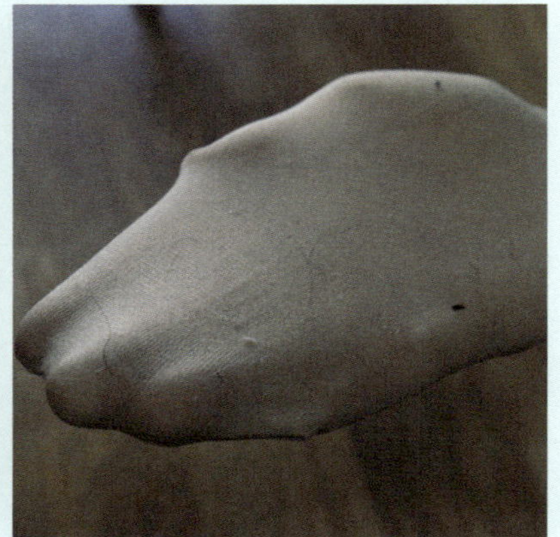

1. 손에 스타킹 끼우기

2. 바닥 먼지 제거

고무줄로 머리카락 제거

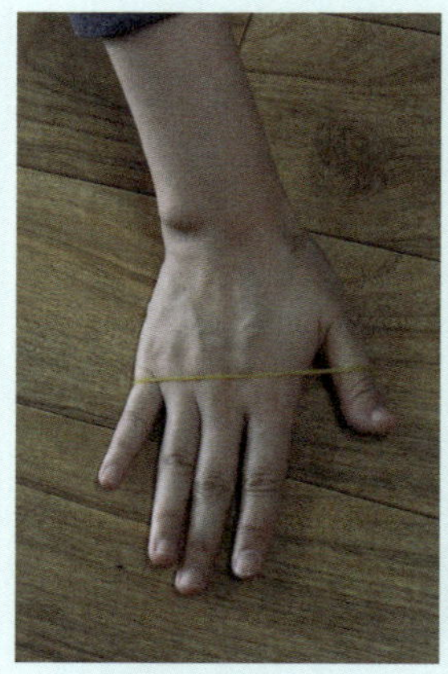

1. 손에 고무줄 끼우기

2. 바닥 머리카락 제거

그리고 쓸고 닦습니다. 신발은 신발장 안에 넣고 현관 바닥은 신문지를 이용해 닦습니다. 신문지를 물에 살짝 적셔 바닥을 쓸어주면 깨끗해집니다. 청소기 돌릴 시간이 없다면 바닥 여기저기에 보이는 먼지와 머리카락 위주로 닦아줍니다. 집에 올 나간 스타킹이 있다면 이걸 손에 끼워서 바닥을 쓰다듬듯이 닦아내면 먼지를 한 번에 제거할 수 있습니다. 그리고 바닥이나 침대 소파 위에 눈에 띄는 머리카락은 그무줄을 사용해 청소합니다. 고무줄 하나를 손바닥에 끼우고 손을 쫙 펼쳐서 쓸면 신기하게도 머리카락이 잘 쓸려 나옵니다. 가전제품이나 가구 위 먼지는 마른걸레에 린스를 묻혀서 닦아줍니다.

화장실도 청소합니다. 먹다 남은 콜라를 변기와 세면대에 뿌리고 5분 후에 솔로 닦아내면 찌든 때를 쉽게 제거할 수 있습니다. 마지막으로 손님 오기 5분 전에는 양초를 켜 좋지 않은 냄새를 없애줍니다. 향초라면 더 좋습니다.

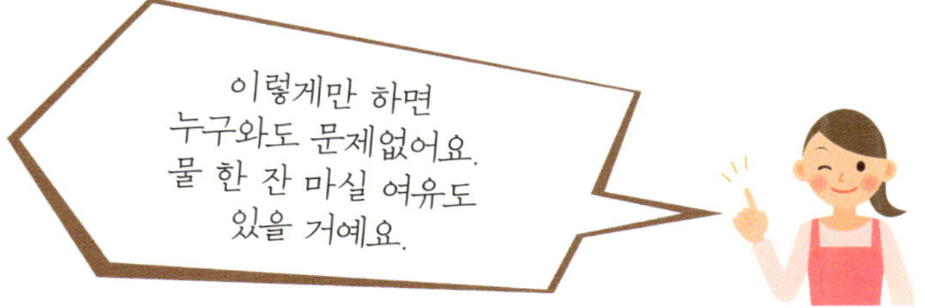

미끌미끌 기름, 효과적으로 제거하기

집에서 삼겹살을 구워 먹으면 거실과 주방바닥이 고기 기름 때문에 미끌미끌하고 찜찜합니다. 이럴 때 유용한 청소방법 알려드리겠습니다.

동물성 기름때 제거에는 소주를 이용하면 좋습니다. 남은 소주를 분무기에 담아서 기름기 묻은 곳에 뿌리고 마른걸레로 닦아줍니다. 소주에 들어있는 에틸알코올이 기름기를 잘 녹이고 살균소독, 냄새 제거도 합니다. 맥주나 청주로도 사용할 수 있습니다.

밀가루를 이용하는 방법도 있습니다. 유통기한이 지난 밀가루를 기름 묻은 곳에 골고루 뿌려줍니다. 그러면 밀가루가 기름을 흡수하면서 몽글몽글 뭉칩니다. 이것을 빗자루로 쓸거나 젖은 걸레로 닦아줍니다. 기름병을 쏟았을 때도 밀가루를 뿌리고 닦으면 끈적임 없이 깨끗해집니다.

소주로 기름때 제거

1. 소주 준비하기

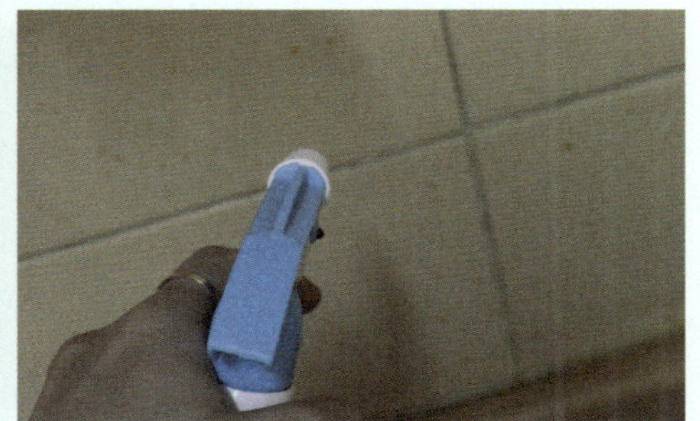

2. 분무기에 담아 기름때에 뿌리기

밀가루로 기름때 제거

1. 기름때에 밀가루 뿌리기

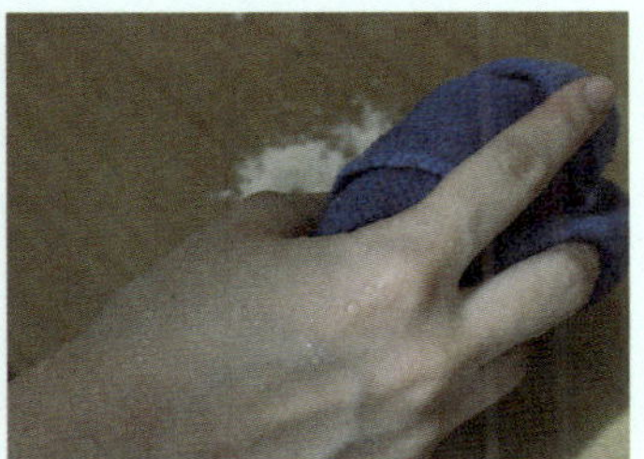

2. 걸레로 닦기

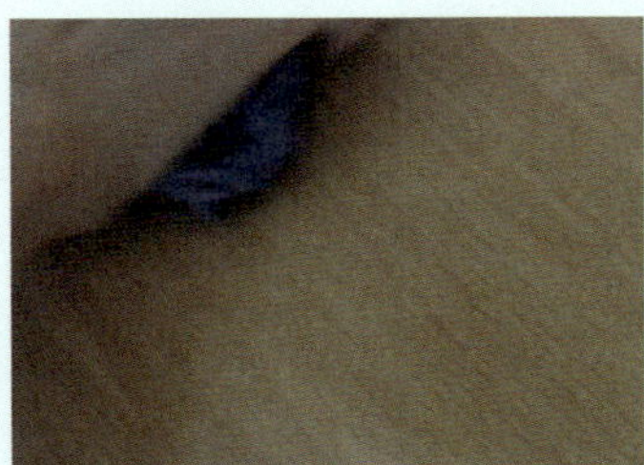

3. 깨끗해진 바닥

　주방 타일에 기름때가 꼈을 때는 키친타월에 식용유를 살짝 묻혀 닦으면 잘 지워집니다. 귤껍질이나 레몬껍질로도 제거할 수 있습니다. 벽지에 기름 얼룩이 생겼다면, 아이들 땀띠 분을 이용합니다. 땀띠 분을 기름 얼룩에 톡톡 두드려주고 헝겊이나 수건에 땀띠약을 묻혀서 닦아내면 얼룩이 사라집니다.

꽉 막힌 우리 집 변기 뚫기

친구네 집에 놀러 갔는데 변기가 막혀서 나오지도 못하고 안에서 곤욕을 겪거나, 아침 일찍 변기가 막혀서 화장실 문 연 곳을 찾아 헤매던 경험 있으신가요? 살면서 가장 진땀 나는 일 중 하나일 것입니다. 그래서 막힌 변기 뚫는 법 뒤를 캐보았습니다.

변기가 막히는 이유는 여러 가지인데 보통 큰 변이나 휴지 뭉치, 음식물 쓰레기 등이 이유입니다. 간혹 칫솔을 변기 속에 떨어뜨려 막히기도 합니다. 이렇게 막힌 상태의 정도나 원인에 따라 변기 뚫는 효과적인 방법들이 다릅니다.

휴지에 막혔을 때는 화장실에 갖춰두는 변기 솔을 이용합니다. 변기 솔을 변기 구멍에 넣고 푹푹 스트레스 풀듯이 펌프질해줍니다. 여러 차례 반복해주면 웬만한 증상은 해결됩니다. 만약 꿈쩍하지 않으

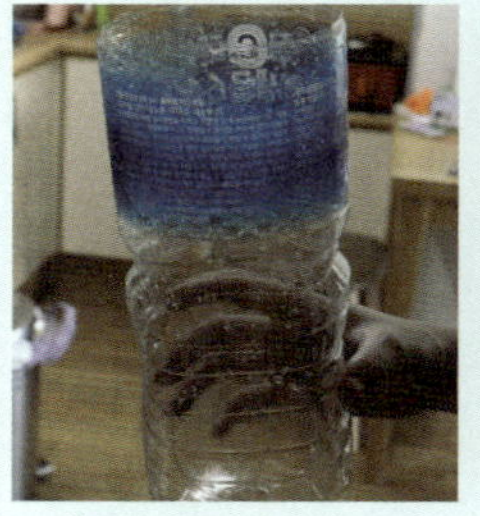

1. 패트병 입구 자르기   2. 변기 구멍에 위아래로 펌프질하기

면 솔 머리에 양말을 두어 개 씌우고 그 위에 비닐을 씌워서 고무줄로 단단히 묶은 후 펌프질을 하면 압력에 의해서 내려가기도 합니다.

다음 방법으로는 고무 압축기를 이용합니다. 마트에서 3,000~4,000원 정도면 살 수 있습니다. 변기 구멍을 잘 막고 물을 한 번 내려서 가득 채웁니다. 그다음 손잡이를 강하게 여러 번 잡아당깁니다. 이때 압축기의 고무 부분을 변기 구멍에 잘 맞춰야 합니다.

이래도 해결이 안 된다면 페트병을 이용합니다. 페트병을 입구로부터 4/1 지점을 잘라내고 뒷부분을 이용합니다. 고무장갑을 끼고 변기 구멍에 페트병 세워 꽂습니다. 그리고 위아래로 펌프질합니다. 하다보면 어느 순간 물이 쏙 내려갑니다. 그때까지 펌프질합니다. 이때

비닐로 막힌 변기 뚫기

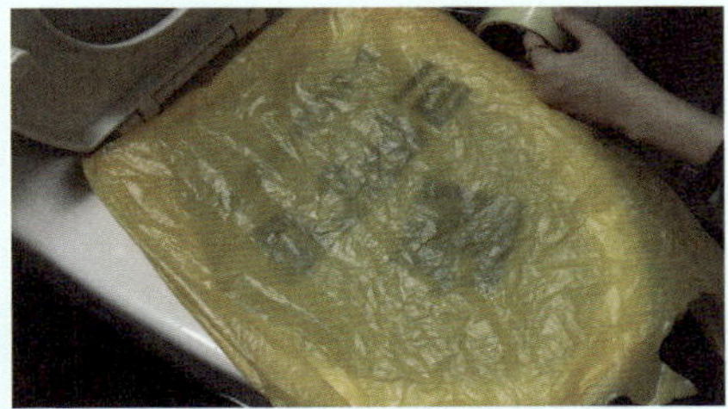

1. 단단한 비닐로 변기 덮기

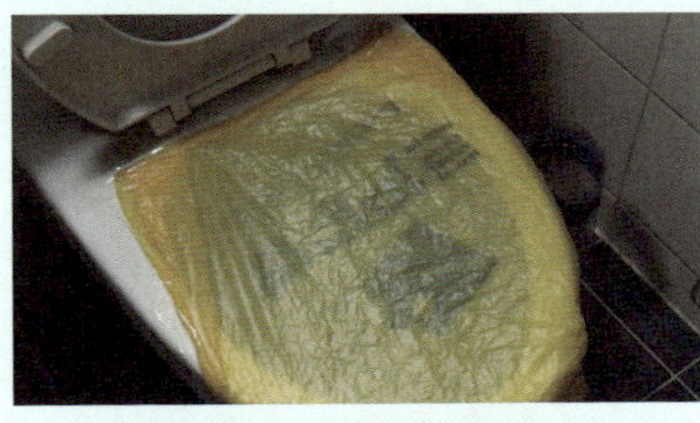

2. 테이핑하기

3. 변기 물 내리기

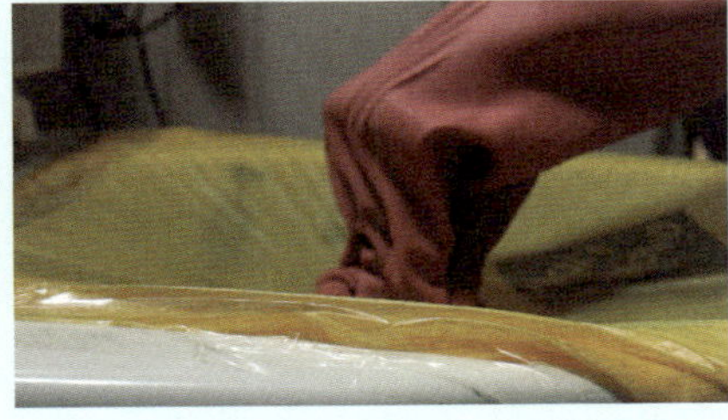

4. 부풀어 오를때 가운데 누르기

페트병은 부드러운 생수병이나 콜라병이 좋습니다.

비닐을 이용하는 방법도 있습니다. 단단한 비닐을 변기를 덮을 수 있을 정도로 자르고 단단히 밀봉합니다. 테이프로 윗부분을 한번 묶어 붙이고 아랫부분을 밀봉하듯이 꼼꼼하게 테이핑해줍니다. 그다음 물을 내리면 비닐이 부풀어 오릅니다. 가장 많이 부풀어 오른 순간에 가운데를 손으로 꾹 누릅니다. 그럼 변기가 뚫립니다.

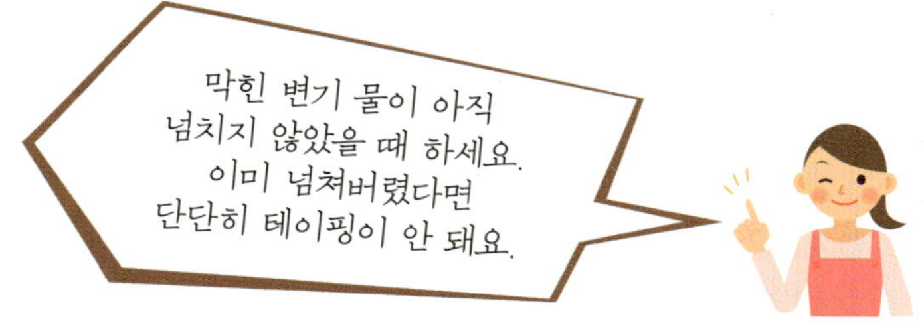

마지막은 뜨거운 물을 부어주는 방법입니다. 간단한데 의외로 효과가 괜찮습니다. 세숫대야에 뜨거운 물을 가득 담아서 변기에 강하게 들이붓는데, 막힌 정도가 심하다면 물을 팔팔 끓여서 강하게 들이부으면 됩니다.

혼자 알기 아까운 나만의 막힌 변기 뚫는법 알려주세요!

김*애 뽕뽕 넣고 뜨거운 물 부은 다음에 내려도 잘 내려갑니다.

한*영 며칠 전 막힌 변기에 샴푸 두 번 펌프해서 30분 뒤에 물 내렸더니 시원하게 뚫렸어요!

여정 페트병을 자르지 말고 물을 가득 넣어서 물 내려가는 곳에 박고 꽉 누르면 페트병압력에 의해서 펑!

행복한뜨개쟁이써니 뜨거운 물을 한꺼번에 많이 부으면 변기에 금이 가는 소리를 들을 수 있음. 경험담이에요. (조금씩 부어주세요)

6666 압축기 사용할 때는 그냥 펌프질하면 절대로 안 뚫립니다. 물을 내리면서 뚫어야 확실하게 뚫려요.

깐깐한 주부들의 알뜰한 가이드

뒤를 캐는 여자

초판 1쇄 발행 2015년 12월 10일

지은이 ǀ 곽지연
펴낸이 ǀ 홍경숙
펴낸곳 ǀ 위너스북

경영총괄 ǀ 안경찬
기획편집 ǀ 노영지, 임소연

출판등록 ǀ 2008년 5월 2일 제310-2008-20호
주소 ǀ 서울 마포구 합정동 370-9 벤처빌딩 207호
주문전화 ǀ 02-325-8901

사진 ǀ 코즈스튜디오 천상만
표지디자인 ǀ 김보형
본문디자인 ǀ 정현옥
제지사 ǀ 한솔PNS(주)
인쇄 ǀ 영신문화사

ISBN 978-89-94747-52-1 (13590)

* 책값은 뒤표지에 있습니다.
* 잘못된 책이나 파손된 책은 구입하신 서점에서 교환해 드립니다.

이 도서의 국립중앙도서관 출판예정도서목록(CIP)은 서지정보유통지원시스템 홈페이지
(http://seoji.nl.go.kr)와 국가자료공동목록시스템(http://www.nl.go.kr/kolisnet)에서
이용하실 수 있습니다.(CIP제어번호: CIP2015030527)

위너스북에서는 출판을 원하시는 분, 좋은 출판 아이디어를 갖고 계신 분들의 문의를 기다리고 있습니다.
winnersbook@naver.com ǀ Tel 02) 325-8901